6. 根据《道路运输车辆动态监督管理办法》,下列不属于道路运输车辆动态监督管理的营运车辆类型的是 ( )

A. 普通载货汽车(总质量 4.5 t 至 12 t)　　B. 公路营运载客汽车

C. 危险货物运输车辆　　D. 重型载货汽车(总质量 12 t 及以上)

7. 某道路旅客运输企业根据自身实际情况编制了生产安全事故应急预案,根据《生产安全事故应急预案管理办法》,向本单位从业人员公布,签发实施的人是 ( )

A. 辖区交通运输主管部门负责人　　B. 该企业主要负责人

C. 该企业主管安全工作的负责人　　D. 该企业安全管理部门负责人

8. 某道路运输企业由于主要负责人未依法履行安全生产管理职责,导致发生了一起死亡 7 人的生产安全事故,根据《安全生产法》,该企业主要负责人应处以上一年年收入( )的罚款。

A. 30%　　B. 40%

C. 60%　　D. 80%

9. 关于机动车驾驶员培训机构训练场地安全管理的说法,错误的是 ( )

A. 教练员和教练车进入训练场必须服从场地管理人员指挥,服从安排

B. 车辆必须按指定地点停放,严格遵守各项安全管理制度

C. 与教学无关的车辆和人员进入训练场地,不得影响场地内教练车训练

D. 教练车进入训练场限速 5 km/h,场地内禁止超车、并行、逆行

10. 根据《道路运输企业和城市客运企业安全生产重大事故隐患判定标准(试行)》,下列不属于机动车维修企业重大事故隐患的是 ( )

A. 未取得经营许可或未按规定进行备案从事经营活动,或超出许可(备案)事项和有效期经营的

B. 不具备危险货物运输车辆维修经营业务条件仍违规承修危险货物运输车辆的

C. 特种作业人员未按规定持证上岗的

D. 未按照车辆二级维护技术要求进行作业的

11. 拥有 120 辆重型载货汽车的道路货物运输企业,至少应配备专职监控人员的数量为( )人。

A. 1　　B. 2

C. 3　　D. 4

12. 下列属于第二类危险源的是 ( )

A. 高速行驶的车辆　　B. 危险货物车辆装载的危险货物

C. 燃油汽车的燃料　　D. 安全教育培训不到位

13. 关于新能源车辆的说法，错误的是（　　）

A. 新能源车辆充电过程中尽量不要在车内停留

B. 新能源车辆发生火灾时使用干粉灭火器灭火

C. 新能源车辆应避免雷雨天气在室外充电

D. 新能源汽车的有关人员应取得相应的资质

14. 关于安责险和承运人责任险的说法，正确的是（　　）

A. 道路客运企业和道路危险货物运输企业需要投保安责险或承运人责任险

B. 道路危险货物运输企业和普通货物运输企业需要投保安责险或承运人责任险

C. 道路客运企业和普通货物运输企业需要投保安责险或承运人责任险

D. 道路客运企业和道路危险货物运输企业均不需要投保安责险

15. 一客运企业有 400 辆客运汽车，按照《道路旅客运输企业安全管理规范》的规定，该企业应配备的专职安全管理人员的数量是（　　）人。

A. 5　　B. 6

C. 7　　D. 8

16. 行驶中的车辆轮胎发生爆裂时的正确处置措施是（　　）

A. 向车辆摇摆反方向打方向盘　　B. 立即踩下制动踏板停车

C. 抢挂低档　　D. 双手用力控制住方向盘，放松油门踏板

17. 下列关于危险物品危险性识别号的要求中，错误的是（　　）

A. 危险性识别号的双写数字表示重点强调此类特别危害性

B. 某一物质的危害性由单个数字表示时，数字后应加 00

C. 某危险性识别号以“X”打头，表示该物质会与水发生危险化学反应。对于这类物质，只有在专家允许后，才能用水进行应急处理

D. 对第 1 类爆炸品，《危险货物道路运输规划 第 3 部分：品名及运输要求索引》中表 A. 1 第(3b)列的分类代码可作为危险性识别号

18. 甲胺水溶液（UN 号 1061 对应的甲胺溶于水）具有可燃性和腐蚀性，下列标志能够表达其危险特性的是（　　）

A. 

B. 

C. 

D. 

(3)该事故车辆动态监控数据显示，该车在本年度的 1 月至 6 月份存在多次超速行驶行为，且监控人员未及时提醒纠正，也未对该车驾驶员进行任何处理。

(4)该事故车辆连续 8 个月内未进行二级维护，制动器摩擦片磨损严重。

(5)经鉴定，事故发生时事故车辆行驶速度为 65 km/h。

根据以上场景，回答下列问题(共 22 分)：

1. 根据《生产安全事故报告和调查处理条例》，该起事故属于哪一等级的生产安全事故？该事故应由哪级政府组织事故调查组进行调查？

2. 结合本案例，简述该企业存在的超出经营许可范围的行为。

3. 结合本案例，简述该事故驾驶员的违法违规行为以及车辆存在的问题(至少回答 3 条)。

4. 结合本案例，简述危险货物道路运输企业预防生产安全事故的主要措施(至少回答 6 条)。

【案例三】

A 普通货物运输企业,有重型载货车辆 58 辆,主要运输建筑材料。该公司车辆在 B 货运站配装建筑材料后直接出发,驾驶员驾驶车货总质量 24 000 kg 的车辆,在某高速公路连续行驶 4.5 小时,当以 87 km/h 速度行驶在隧道内时,因转向系统故障与对面正常行驶的大客车发生碰撞并起火爆炸。

调查发现:

(1)A 企业《道路运输经营许可证》已逾期 2 个月未进行换证;未设置安全生产管理机构,配备 1 名兼职安全生产管理人员和 1 名专职动态监控人员。

(2)事故车辆核定载质量 12 000 kg,整备质量 6 000 kg;随车装有 50 kg 液化石油气钢瓶 2 个,准备顺路捎给收货方供工地食堂使用。

(3)事故车辆转向及制动系统有故障、监控终端无信号,且事故车辆已连续 15 个月未进行检验检测。

(4)事故路段限速为 80 km/h。

根据以上场景,回答下列问题(共 22 分):

1. 结合本案例,简述事故车辆驾驶员的主要违法违规行为。

2. 结合本案例,简述事故车辆存在的安全隐患(至少回答 4 条)。

3. 结合本案例,该事故车辆是否存在超载?若不存在,说明理由;若存在,计算超载率。

4. 结合本案例,简述 B 货运站存在的主要违法违规行为及导致的后果。

5. 结合本案例,简述 A 企业存在的主要违法违规行为,并提出相应整改措施。

企业均属于交通运输领域高危行业,需要按规定投保安责险。故选项D错误。

15. C 【精析】道路旅客运输企业专职安全生产管理人员配备数量原则上按照以下标准确定:(1)对于300辆(含)以下客运车辆的,按照每50辆车1人的标准配备,最低不少于1人。(2)对于300辆以上客运车辆的,按照每增加100辆增加1人的标准配备。

16. D 【精析】车辆发生爆胎时,应按照以下要求进行应急处置:(1)遇前轮爆胎,立即握稳转向盘,放松油门踏板,尽量控制车辆直线滑行,不可踩踏制动踏板;若已有方向偏离,控制行驶方向时,不可过度矫正;待车速明显降低后,就近选择安全区域停车。(2)遇后轮爆胎,立即握稳转向盘,轻踩制动踏板,选择安全区域停车。故选项D正确。

17. B 【精析】某一物质的危害性由单个数字表示时,数字后应加0。故选项B错误。

18. A 【精析】甲胺水溶液(UN号1061对应的甲胺溶于水)是具有可燃性和腐蚀性的液体。应选择的标志是选项A。

19. B 【精析】客运企业对客运驾驶员进行定期全覆盖培训,安全教育培训应当每月不少于1次,每次不少于2学时,安全教育培训内容应当包括法律法规、典型交通事故案例、技能训练、安全驾驶经验交流、突发事件应急处置训练等。

20. B 【精析】车长大于9 m的营运客车右侧应至少配置2个乘客门。后置发动机的营运客车后轮后方不应设置乘客门。

二、案例分析题

【案例一】

1. D 【精析】汽车客运站经营者应当制定对所属从业人员特别是安全生产管理人员年度及长期的继续教育培训计划,明确培训内容和年度培训时间,确保相关人员具备必要的安全生产知识和管理能力。汽车客运站主要负责人和安全生产管理人员初次安全生产教育培训时间不少于24学时,每年再培训时间不少于12学时。

2. C 【精析】汽车客运站经营者应当每季度至少召开一次安全生产工作会议,研究解决安全生产中的重大问题,安排部署阶段性安全生产工作;每月至少召开一次安全生产例会,通报和布置落实各项安全生产工作,分析查找安全生产管理制度的缺陷和安全生产管理的薄弱环节。安全生产工作会议可与安全生产例会一并召开。

3. CD 【精析】汽车客运站经营者应当对进出汽车客运站候车区和发车区的人员和行李物品、车辆进行严格检查,确保“三不进站”和“六不出站”,具体内容如下:(1)“三不进站”:危险品不进站、无关人员不进站(发车区)、无关车辆不进站(发车区)。(2)“六不出站”:超载或违规装载营运客车不出站、安全例行检查不合格营运客车不出站、旅客未系安全带不出站、驾驶员资格不符合要求不出站、营运客车证件不齐全不出站、“出站登记表”未经审核签字不出站。

4. ACD 【精析】汽车客运站的安全生产管理机构及安全生产管理人员(包括分管安全生产的负责人、专职安全生产管理人员)对本单位安全生产工作负有下列职责:(1)组织或者参与拟订本单位安全生产规章制度、操作规程和生产安全事故应急救援预案。(2)组织或者参与本单位安全生产教育和培训,并如实记录安全生产教育和培训情况。(3)组织开展危险源辨识和评估,督促落实本单位重大危险源的安全管理措施。(4)组织或者参与本单位应急救援演练。(5)检查本单位的安全生产状况,及时排查生产安全事故隐患,提出改进安全生产管理的建议。(6)制止和纠正违章指挥、强令冒险作业、违反操作规程的行为。(7)督促落实本单位安全生产整改措施。

5. ABCD 【精析】“营运客车安全例行检查合格通知单”24小时内有效。单程运营里程在800公里(含)以上的客运班车和往返运营时间在24小时(含)以上的客运班车,实行每个单程检查一次。故选项E错误。

【案例二】

【答案】

1. 一般事故,应由事故发生地的县级人民政府组织调查。

2. 该企业存在超出经营许可范围的行为有:

(1)医疗废物属于危险废物,需要取得危险废物运输资质,不在经营许可范围内。

(2)烟花爆竹属于第1类危险货物,不在经营许可范围内。

(3)稀硫酸属于第8类危险货物,不在经营许可范围内。

(4)锂电池划为第9类危险物品,不在经营许可范围内。

3. 该事故驾驶员的违法违规行为及车辆存在的问题主要有:

(1)驾驶员多次超速行驶,事发前仍超速行驶(不满足限速60 km/h)的要求。

(2)该事故车辆连续8个月内未进行二级维护,制动器摩擦片磨损严重。

(3)事故应急处置不到位。

4. 危险货物道路运输企业预防生产安全事故的主要措施有:

(1)建立、健全并落实本单位全员安全生产责任制,加强安全生产标准化建设。

(2)完善本单位安全生产规章制度和操作规程。

(3)加强相关岗位人员的安全生产教育和培训。

(4)加大本单位安全生产投入的有效实施。

(5)落实安全风险分级管控和隐患排查治理双重预防工作机制,及时消除生产安全事故隐患。

(6)完善本单位的生产安全事故应急救援预案,加强预案演练。

(7)设置安全管理机构及人员,加强安全管理。

(8)设置车辆管理机构及人员,加强车辆安全管理。

(9)其他相关措施。

【命题点与拓展】

1.本案例第1问考查的是生产安全事故的等级划分和事故调查。根据生产安全事故(以下简称事故)造成的人员伤亡或者直接经济损失,事故一般分为以下等级:(1)特别重大事故,是指造成30人以上死亡,或者100人以上重伤(包括急性工业中毒,下同),或者1亿元以上直接经济损失的事故。(2)重大事故,是指造成10人以上30人以下死亡,或者50人以上100人以下重伤,或者5 000万元以上1亿元以下直接经济损失的事故。(3)较大事故,是指造成3人以上10人以下死亡,或者10人以上50人以下重伤,或者1 000万元以上5 000万元以下直接经济损失的事故。(4)一般事故,是指造成3人以下死亡,或者10人以下重伤,或者1 000万元以下直接经济损失的事故。上述所称的"以上"包括本数,所称的"以下"不包括本数。特别重大事故由国务院或者国务院授权有关部门组织事故调查组进行调查。重大事故、较大事故、一般事故分别由事故发生地省级人民政府、设区的市级人民政府、县级人民政府负责调查。省级人民政府、设区的市级人民政府、县级人民政府可以直接组织事故调查组进行调查,也可以授权或者委托有关部门组织事故调查组进行调查。本案例中,事故造成2人死亡、1人重伤,为一般事故,应由事故发生地的县级人民政府组织调查。

2.本案例第2问考查的是道路企业的经营许可范围。危险货物分类如下:第1类为爆炸性物质和物品;第2类为气体;第3类为易燃液体;第4类为易燃固体、易于自燃的物质、遇水放出易燃气体的物质;第5类为氧化性物质和有机过氧化物;第6类为毒性物质和感染性物质;第7类为放射性物质;第8类为腐蚀性物质;第9类为杂项危险物质和物品,包括危害环境物质。该企业道路运输经营许可范围为危险货物运输(2类1项、2类2项、3类),医疗废物属于危险废物,需要取得危险废物运输资质,不在经营许可范围内。烟花爆竹属于第1类危险货物,不在经营许可范围内;稀硫酸属于第8类危险货物,不在经营许可范围内;锂电池划为第9类危险物品,不在经营许可范围内。

【案例三】

【答案】

1.事故车辆驾驶员的主要违法违规行为包括:

(1)在某高速公路连续行驶4.5小时,疲劳驾驶。

(2)超速行驶。

(3)违规装载危险货物。

(4)驾驶超载车辆违规运输。

(5)驾驶存在隐患车辆违规运输。

2.事故车辆存在的安全隐患主要包括:

(1)车辆转向系统故障。

(2)车辆制动系统故障。

(3)监控终端无信号。

(4)事故车辆已连续15个月未进行检验检测。

3.存在超载,超载率为50%。

4.B货运站存在的主要违法违规行为及导致的后果包括:

(1)未对进站车辆及人员进行进站检查,导致存在问题的车辆违规装载,增加事故风险。

(2)未履行"源头治超"责任,允许超载车辆出站,导致事故发生。

(3)未进行出站检查,允许超载车辆出站,导致事故发生。

5.A企业存在的主要违法违规行为及相应整改措施如下:

(1)A企业《道路运输经营许可证》已逾期2个月未进行换证。整改措施:《道路运输经营许可证》过期后需注销许可资质后重新申办。

(2)未设置安全生产管理机构,配备1名兼职安全生产管理人员。整改措施:应当设置安全生产管理机构或者配备专职安全生产管理人员。

(3)未建设动态监控平台或使用第三方社会化平台对所属车辆及驾驶员进行实时监控。整改措施:应当按要求设置动态监控平台。

(4)设置1名专职动态监控人员。整改措施:应至少设置2名动态监控人员。

(5)事故车辆转向及制动系统有故障、监控终端无信号。整改措施:应检查车辆安全状况,确保满足安全运行要求。

(6)事故车辆已连续15个月未进行检验检测。整改措施:应按照相关要求及时进行车辆检验检测。

【命题点与拓展】

1.本案例第3问考查的是车辆超载的判断和超载率的计算。本案例中,车货总质量为24 000 kg,事故车辆核定载质量12 000 kg,整备质量6 000 kg。实际载质量 = 总质量 − 整备质量 = 24 000 − 6 000 = 18 000(kg)。在不考虑2个50 kg液化气瓶的前提下,超载率=(实际载质量 − 核定载质量)/核定载质量 × 100% = (18 000 − 12 000)/12 000 × 100% = 50%。故该车辆存在超载行为。

2.本案例第5问考查的是货物运输企业的主要违法违规行为和整改措施。普通货运《道路运输经营许可证》的有效期为4年,过期后不能再申请延期,只能在有效期之内申请,过期后需注销许可资质后重新申办,过期不会进行处罚。矿山、金属冶炼、建筑施工、运输单位和危险物品的生产、经营、储存、装卸单

6. 某道路危险货物运输企业有320台危险货物运输车辆，根据《道路运输车辆动态监督管理办法》，该企业监控平台至少应配备专职监控人员的数量是 ( )

A. 1人 B. 2人

C. 3人 D. 4人

7. 某道路运输企业在编制应急预案时，已成立应急预案编制工作组，并收集了相关资料，现需要开展生产安全事故风险辨识、评估，撰写风险评估报告，报告内容不包括 ( )

A. 结合企业实际，分析本企业存在的危险有害因素，确定可能发生的生产安全事故类型

B. 结合企业实际，分析各种事故类型发生的可能性和后果，确定事故具体类别及级别

C. 结合企业实际，评估现有事故风险控制措施及应急措施存在的差距，提出应急资源的需求分析

D. 结合企业实际，评估事故损失后果和责任认定

8. 某道路运输企业驾驶员驾驶车辆在道路上发生交通事故后，应在事故现场及时正确摆放危险警告标志，根据《道路交通安全法实施条例》，危险警告标志摆放要求是 ( )

A. 摆放在来车方向距事故车辆 30 ~ 50 m 处

B. 摆放在来车方向距事故车辆 50 ~ 100 m 以外的位置

C. 摆放在来车方向距事故车辆 50 ~ 100 m 处

D. 在车辆前方和后方 50 ~ 100 m 以外的合适位置同时摆放

9. 根据《汽车维护、检测、诊断技术规范》，车辆二级维护规定的进厂检测项目中，不包括的是 ( )

A. 转向性能 B. 故障诊断

C. 行车制动性能 D. 排放

10. 根据《机动车安全技术检验项目和方法》，营运车辆在年度安全检测送检过程中，应首先进行的工作是 ( )

A. 联网查询车辆事故、违法、安全缺陷召回等信息

B. 车辆特征参数检查

C. 车辆唯一性查询

D. 车辆外观检查

11. 关于总质量 4 500 kg 及以下冷藏车从事道路货物运输经营的说法，正确的是 ( )

A. 企业需要办理《道路运输经营许可证》，车辆不需要办理《道路运输证》

B. 企业需要办理《道路运输经营许可证》，车辆需要办理《道路运输证》

C. 企业不需要办理《道路运输经营许可证》，车辆需要办理《道路运输证》

D. 企业不需要办理《道路运输经营许可证》，车辆也不需要办理《道路运输证》

12. 关于道路普通货物运输企业安全生产管理人员的要求，说法错误的是 ( )

A. 企业应设置安全生产管理机构或者配备专职安全生产管理人员

B. 企业安全生产管理人员包括专职安全生产管理人员和兼职安全生产管理人员

C. 企业分管安全生产的负责人应参加安全生产管理人员安全生产知识和管理能力考核

D. 企业专职安全生产管理人员上岗前必须取得安全考核合格证明

13. 关于道路危险货物运输企业安全生产培训教育的说法，错误的是 （ ）

A. 企业的安全生产教育和培训对象为驾驶员、押运员和装卸管理人员

B. 企业应制定安全生产教育和培训计划

C. 新聘用的驾驶员应开展岗前培训，且考核合格后方可上岗

D. 企业应如实记录安全生产教育和培训情况

14. 诚信考核制度是道路运输从业资格管理的重要内容。关于道路危险货物运输从业人员诚信考核的说法，正确的是 （ ）

A. 危险货物运输驾驶员和押运员均需要开展诚信考核

B. 诚信考核内容主要包括安全生产情况、遵守法规情况和服务质量情况

C. 诚信考核周期为 24 个月，满分为 20 分

D. 发生重大以上道路交通事故，且负同等责任的，诚信考核计分为 10 分

15. 根据《道路危险货物运输管理规定》，不属于企业必须建立的安全生产管理制度是 （ ）

A. 托运人安全管理制度　　B. 安全生产考核与奖惩制度

C. 安全生产教育培训制度　　D. 安全生产监督检查制度

16. 交通运输综合执法人员在开展例行检查时，发现某重型罐式半挂车的罐体检验合格，且报告显示其适装介质为柴油、汽油、燃料油和乙醇。该车的《道路运输证》经营范围为"第 3 类易燃液体"，企业的经营范围为第 1 类、第 3 类、第 8 类、第 9 类。本次运输实际装载介质为甲醇。上述行为属于 （ ）

A. 未取得道路货物运输经营许可，擅自从事道路货物运输经营

B. 未在罐式车辆罐体的适装介质列表范围内承运危险货物

C. 超越许可的事项，从事道路货物运输经营

D. 使用安全技术条件不符合国家标准要求的罐体运输危险化学品

17. 根据《道路运输从业人员管理规定》，下列不属于经营性道路货物运输驾驶员应具备的条件是 （ ）

A. 取得相应的机动车驾驶证

B. 年龄不超过 60 周岁

C. 3 年内无重大以上交通责任事故记录

D. 掌握相关道路货物运输法规、机动车维修和货物装载保管基本知识

18. 根据《道路运输车辆动态监督管理办法》，道路旅客运输企业动态监控数据至少保存 （ ）

A. 1 个月　　B. 3 个月

C. 6 个月　　D. 12 个月

19. 根据《营运客车安全技术条件》，关于营运客车技术要求的说法，正确的是 （ ）

A. 营运客车应具有过度转向特性

B. 营运客车所有车轮应安装鼓式制动器

C. 营运客车所有的行车制动器应具备制动间隙自动调整功能

D. 所有营运客车应装备缓速装置

【案例三】

某日,A公司驾驶员驾驶大型普通客车从B汽车站出发,驶往C客运中心。次日凌晨,天气小雨,当驾驶员驾驶客车行驶至弯道半径为196 m的某高速公路时,车辆突然侧滑失去控制,与中央隔离护栏碰撞后侧翻,造成车内4人死亡,17人受伤的事故(重力加速度 $g \approx 10\ m/s^2$、路面附着系数0.4)。

调查发现:

(1)A公司发生事故的车辆后轴右侧轮胎胎冠花纹最小深度为0,两侧转向轮花纹型式不一致,且一侧转向轮为翻新胎。

(2)在夜间雨天失控前的行驶速度为105~108 km/h。

(3)车内未系安全带的乘客被车辆甩出而造成死亡。

(4)事故客车驾驶员存在屏蔽GPS信号问题。

(5)B汽车站不按国家相关要求认真开展长途客车安全例行检查,未及时发现客车轮胎技术状况存在隐患。

(6)驾驶员发车前未对乘客做安全告知。

根据以上场景,回答下列问题(共22分):

1. 结合本案例,根据《机动车运行安全技术条件》,该事故车辆转向轮轮胎技术状况存在什么问题?
2. 结合本案例,计算事故发生路段侧滑对应的临界车速。
3. 结合本案例,简述发车前客车驾驶员应向乘客进行的安全告知内容。
4. 结合本案例,根据《汽车客运站安全生产规范》,简述营运客车安全例行检查对车轮及轮胎检查的要求。

注1:可根据下列公式计算车辆的离心加速度,即 $a=\frac{v^2}{R}$,式中 a——离心加速度;v——车速;R——道路弯道半径。

注2:下表为20~29的平方值。

数值	20	21	22	23	24	25	26	27	28	29
平方数	400	441	484	529	576	625	676	729	784	841

【案例四】

某日,A 贸易公司的生产、储存危险化学品作业场所,一辆危险货物罐式车辆装车过程中,发生甲酸甲酯混合液挥发蒸气泄漏中毒和窒息的较大事故,造成 9 人死亡、3 人受伤。

调查发现:

(1)该运输任务由 B 服务公司委托 C 运输公司实施,由驾驶员和押运员驾车前往 A 贸易公司某作业场所装载 25 t 甲酸甲酯混合液后运送至 B 服务公司。C 运输公司签发了派车单,但没有制作运单。

(2)涉事罐式车辆属于移动式压力容器,隶属于 C 运输公司,公司道路运输经营许可证经营范围:道路普通货物运输,道路危险货物运输(2.1 项,8 类,剧毒化学品除外);车辆《道路运输证》经营范围为 2.1 项,使用的登记证介质为液化石油气,实际装载的货物为甲酸甲酯混合液(UN1243,第 3 类易燃液体),事发时已充装 15 t,随车携带了 2 个 4 kg 的干粉灭火器。

(3)A 贸易公司现场作业人员充装前未实施“五必查”,充装过程中 C 运输公司驾驶员、押运员待在驾驶室休息,几分钟后固定储罐上部导入孔口有白雾状气体冒出,现场作业人员检查后继续充装,也未告知休息的驾驶员和押运员,在 10 min 后,作业场所弥漫大量白雾状气体,现场作业人员及驾驶员和押运员发现后立即逃离现场,最终导致事故发生。

根据以上场景,回答下列问题(共 26 分):

1. 结合本案例,分析托运人是谁以及存在的主要问题。
2. 结合本案例,简述 C 运输公司在本次运输中存在的主要问题。
3. 根据《危险货物道路运输规则》,结合本案例,简述该罐式车辆随车应配备的必要防护用品和应急救援器材。
4. 根据《危险货物道路运输安全管理办法》,结合本案例,简述装载危险货物前“五必查”的主要内容。

50人以下重伤,或者1 000万元以上5 000万元以下直接经济损失的事故。(4)一般事故,是指造成3人以下死亡,或者10人以下重伤,或者1 000万元以下直接经济损失的事故。上述所称的"以上"包括本数,所称的"以下"不包括本数。第十三条规定,事故报告后出现新情况的,应当及时补报。自事故发生之日起30日内,事故造成的伤亡人数发生变化的,应当及时补报。道路交通事故、火灾事故自发生之日起7日内,事故造成的伤亡人数发生变化的,应当及时补报。该事故造成现场28人死亡、15人受伤,一周后又有3人相继死亡不属于补报的时间范围,故该事故造成28人死亡、15人受伤,属于重大事故。

2. C 【精析】根据案例场景,本车制动失效的主要原因是驾驶员频繁使用行车制动器导致制动失效。汽车在下坡时长时间高强度制动,会使得制动器温度迅速上升,而摩擦力矩显著下降,这个现象是热衰退现象。制动器热衰退会使汽车制动效能恒定性下降,使制动距离延长,增加制动事故的风险。

3. ABC 【精析】道路运输行车事故直接原因包括超载、超速、驾驶员操作不当、疲劳驾驶、机械故障、爆胎、公路及设施原因、其他。选项A属于驾驶员操作不当;选项B属于机械故障;选项C属于公路及设施原因。

4. BCE 【精析】申请从事客运经营的,应当依法向工商行政管理机关办理有关登记手续,并向交通运输主管部门提出申请,该运输企业未取得客运资质,属于交通运输主管部门履行监管职责不到位。该车辆发动机号与注册登记信息不一致,通过非法手段在车辆检测机构取得车辆检测合格证,属于公安、生态环境、交通运输部门履行监管职责不到位。公安、生态环境、交通运输部门在履行部门职责时,对存在违规出具虚假检验报告嫌疑的检验机构,可以通过核查检测数据、视频、档案等方式进行监督。事故车辆车身不符合技术标准,私自进行了改装,属于公安交通管理部门履行监管职责不到位。已注册登记的机动车有下列情形之一的,机动车所有人应当向登记该机动车的公安机关交通管理部门申请变更登记:改变机动车车身颜色的;更换发动机的;更换车身或者车架的;因质量有问题制造厂更换整车的。事故路段未设置钢筋混凝土城垛式防撞墙,且未通过规定程序进行变更,属于交通运输部门违反公路工程质量管理相关规定,对该道路改建工程验收及质量监督工作履职不到位。同时,对于案例背景的问题,交通运输部门都有监督该企业实施相关行业规划、政策和标准的责任,但交通运输部门都未履行到位。

5. ABCE 【精析】针对此类事故教训,可采取的防范和整改措施有:(1)加强驾驶员教育培训,提高驾驶员的安全素质。(2)严厉打击机动车非法改装、超限超载等交通违法行为。(3)在临崖临水处设置护栏,保障行车安全。(4)规范机动车登记检验工作,提高机动车安全技术检测机构工作质量及服务水平,加大车辆源头监管力度。(5)明确各级人员的安全监督责任,定期检查等。

【案例二】

【答案】

1. A车货物超载率:$(120-30)/30\times100\%=300\%$。

B车货物超载率:$(175-35)/35\times100\%=400\%$。

2. 重大责任事故罪定义:在生产、作业中违反有关安全管理规定,因而发生重大伤亡事故或者造成其他严重后果的行为。

主观表现:行为人的过失。

量刑标准:处3年以下有期徒刑或者拘役;情节特别恶劣的,处3年以上7年以下有期徒刑。

3. 本起事故应汲取的主要教训有:

(1)货运驾驶员安全意识薄弱,驾驶员应进行岗前培训和继续教育。

(2)机动车载物应当符合核定的载质量,严禁超载。

(3)驾驶员在行车时必须严格遵守《道路交通安全法》《道路交通安全法实施条例》和安全操作规程,以免发生意外。

(4)重型货运车辆通过桥涵等设施时应注意行车安全。

(5)相关部门应加强对货运车辆的监督和审核。

4. 加强货运违法超限运输管理的主要措施包括:

(1)违法超限运输车辆,禁止行驶公路。

(2)货运源头单位,应当在货物装运场(站)安装合格的检测设备,对出场(站)货运车辆进行检测,确保出场(站)货运车辆合法装载。

(3)货运源头单位、道路运输企业应当加强对货运车辆驾驶人的教育和管理,督促其合法运输。道路运输企业是防止违法超限运输的责任主体,应当按照有关规定加强对车辆装载及运行全过程监控,防止驾驶人违法超限运输。任何单位和个人不得指使、强令货运车辆驾驶人违法超限运输。

(4)货运车辆驾驶人不得驾驶违法超限运输车辆。

(5)道路运输管理机构应当加强对政府公布的重点货运源头单位的监督检查。

(6)公路管理机构应当对货运车辆进行超限检测。

【命题点与拓展】

1. 本案例第1问考查的是载重货车超载率的计算。载重货车超载率=(实际载质量-核定载质量)/核定载质量×100%。

2. 本案例第2问考查的是重大责任事故罪。《刑法》第一百三十四条规定,在生产、作业中违反有关安全管理的规定,因而发生重大伤亡事故或者造成其他严重后果的,处3年以下有期徒刑或者拘役;情节特别恶劣的,处3年以上7年以下有期徒刑。《最高人民法院、最高人民检察院关于办理危害生产安全刑事案件适用法律若干问题的解释》第六条规定,实施刑法第一百三十二条、第一百三十四条第一款、第一百三十五条、第一百三十五条之一、第一百三十六条、第一百三十九条规定的行为,因而发生安全事故,具有下列情形之一的,应当认定为"造成严重后果"或者"发生重大伤亡事故或者造成其他严重后果",对相关责任人员,处3年以下有期徒刑或者拘役:(1)造成死亡1人以上,或者重伤3人以上的。(2)造成直接经济损失100万元以上的。(3)其他造成严重后果或者重大安全事故的情形。

3.本案例第3问考查的是货运违法超限运输事故应汲取的主要教训。车辆超载会使车辆的制动距离增加,无法快速及时地将车速降下,会导致灾难的发生。此外,超载还会对车辆产生以下影响:缩短汽车使用寿命并且加速零部件的老化;加速轮胎的磨损和变化;加速发动机的损坏;转向沉重,离心力增加,影响汽车的操纵性能;缩短弹簧钢板寿命,减少车辆的通过力等。桥涵行车时,重型货运车辆载重超过限制,桥梁将会发生垮塌。货运违法超限运输事故应汲取的主要教训详见答案。

4.本案例第4问考查的是加强货运违法超限运输管理的主要措施。加强货运违法超限运输管理的主要措施详见答案。

【案例三】

【答案】

1.该事故车辆转向轮轮胎技术状况存在的问题有:

(1)事故车辆一侧转向轮使用的是翻新轮胎。

(2)事故车辆两侧转向轮的花纹型式不一致。

(3)事故车辆后轴右侧轮胎胎冠花纹的最小深度为0。

2.侧滑时的临界车速:$3.6\times\sqrt{196\times10\times0.4}=100.8$(km/h)。

3.发车前客车驾驶员应向乘客进行的安全告知内容有:

(1)客运公司名称、客车号牌、驾驶员及乘务员姓名和监督举报电话。

(2)车辆核定载客人数、行驶线路、经批准的停靠站点、中途休息站点。

(3)车辆安全出口及应急出口的逃生方法,安全带和安全锤的使用方法。

(4)法律法规规定的其他事项。

4.营运客车安全例行检查对车轮及轮胎检查的要求有:

(1)车轮螺栓及螺母的检查要求:采用检验锤敲击的方法,巡视检查可视的轮胎螺栓、螺母以及可视的半轴螺栓,各车轮及半轴的螺栓、螺母应齐全、完好,紧固可靠。

(2)轮胎外观的检查要求:检视胎冠、胎壁等部位,不得有长度超过25 mm或者深度足以暴露出帘布层的破裂、割伤以及凸起、异物刺入等影响使用的缺陷。同时目视检查并装轮胎间,应无明显异物嵌入。

(3)轮胎花纹深度的检查要求:检视轮胎磨损状况。必要时,用轮胎花纹深度尺检测轮胎胎冠花纹深度。转向轮的胎冠花纹深度应不小于3.2 mm,其余轮胎胎纹深度应不小于1.6 mm。

(4)轮胎气压的检查要求:采用检验锤敲击和目视的方法,巡视检查各轮胎的充气状况,必要时用气压表测量轮胎气压,轮胎气压应符合要求。

【命题点与拓展】

1.本案例第1问考查的是轮胎的装配和使用要求。根据《机动车运行安全技术条件》,公路客车、旅游客车和校车的所有车轮及其他机动车的转向轮不应装用翻新的轮胎;其他车轮若使用翻新的轮胎,应符合相关标准的规定。同一轴上的轮胎规格和花纹应相同,轮胎规格应符合整车制造厂的规定。乘用车、挂车轮胎胎冠花纹上的花纹深度应大于等于1.6 mm,摩托车轮胎胎冠花纹上的花纹深度应大于等于0.8 mm;其他机动车转向轮的胎冠花纹深度应大于等于3.2 mm,其余轮胎胎冠花纹深度应大于等于1.6 mm。

2.本案例第2问考查的是侧滑时临界车速的计算。临界车速是指道路理论通行能力达到最大时的车速,对选择道路等级具有重要作用。车辆侧滑时对应的临界车速的计算公式为$V=3.6\sqrt{R\cdot g\cdot\phi_s}$,式中$R$为汽车行驶道路的弯道半径;$g$为重力加速度;$\phi_s$为路面附着系数。根据题干,高速公路的弯道半径为196 m,客车行驶时的重力加速度$g\approx10\ m/s^2$,路面附着系数为0.4。故侧滑时的临界车速$=3.6\times\sqrt{196\times10\times0.4}=100.8$(km/h)。

3.本案例第3问考查的是发车前客车驾驶员应向乘客进行的安全告知内容。除安全告知内容外,客车驾驶员还应向乘客进行安全承诺,承诺内容包括:(1)不超速,严格按照道路限速要求行驶。(2)不超员,车辆乘员不得超过核定载客人数。(3)不疲劳驾驶,日间连续驾驶时间不超过4 h,夜间22时至凌晨6时连续驾驶时间不超过2 h,每次停车休息时间不少于20 min。(4)不接打手机,在驾驶过程中保持注意力集中。(5)不关闭动态监控系统,做到车辆运行实时在线。(6)确保提醒乘客系好安全带,全程按要求佩戴使用。(7)确保乘客生命安全,为旅途平安保驾护航。

4.本案例第4问考查的是营运客车安全例行检查对车轮及轮胎检查的要求。《汽车客运站安全生产规范》第二十七条规定,汽车客运站经营者应当建立营运客车安全例行检查制度,按照《营运客车安全

7. 根据《道路旅客运输企业安全管理规范》，道路旅客运输企业定期召开安全生产工作会议和安全例会的周期为（　　）

A. 至少每季度召开 1 次和至少每月召开 1 次

B. 至少每季度召开 1 次和至少每周召开 1 次

C. 至少每半年召开 1 次和至少每月召开 1 次

D. 至少每月召开 1 次和至少每周召开 1 次

8. 某道路旅客运输企业共有从业人员 500 名，客车 205 辆。根据《道路旅客运输企业安全管理规范》，该企业应配备（　　）专职安全管理人员。

A. 5 名　　B. 7 名

C. 8 名　　D. 10 名

9. 根据《道路运输条例》，下列选项中，不属于从事机动车维修经营应当具备的条件是（　　）

A. 取得企业法人资格　　B. 有相应的机动车维修场地

C. 有必要的设备、设施和技术人员　　D. 有健全的机动车维修管理制度

10. 根据《机动车驾驶员培训管理规定》，关于机动车驾驶训练场安全管理规定的说法，错误的是（　　）

A. 教练员和教练车进入训练场必须服从场地管理人员指挥，服从安排

B. 与教学无关人员不得进入训练场，学员进入训练场必须在指定位置休息，不得在训练场内随意走动，以及进行其他体育活动

C. 教练员在教学过程中不得擅离职守，必须随车教学

D. 训练场限速 5 km/h，场地内允许超车

11. 道路运输公共监管与服务平台使用的地理信息系统英文缩写是（　　）

A. GIS　　B. GPS

C. BDS　　D. ABS

12. 交通运输主管部门联网联控系统考核中，在统计期内，至少向上级平台传输一次合格动态数据的重点营运车辆数占本辖区或本企业处于营运状态、且已入网的重点营运车辆数的比率指标是（　　）

A. 平台连通率　　B. 车辆入网率

C. 车辆上线率　　D. 轨迹完整率

13. 根据《道路运输条例》，道路货运经营者需对（　　）按规定办理《道路运输经营许可证》。

A. 总质量 2 500 kg 及以下普货运输车辆　　B. 总质量 3 500 kg 及以下普货运输车辆

C. 总质量 4 500 kg 及以下普货运输车辆　　D. 总质量 4 500 kg 以上普货运输车辆

14. 根据《道路运输从业人员管理规定》，货运企业驾驶员出现（　　）情形时，由发证机关注销其从业资格证件。

A. 从业人员年龄超过 58 周岁

B. 机动车驾驶证被公安机关交通管理部门暂扣

C. 超过从业资格证件有效期 180 日未申请换证

D. 从业人员重伤住院

15. 根据《道路交通安全法实施条例》,在没有中心隔离设施,或者没有中心线的道路上,夜间行车时,驾驶人应将远光灯改用近光灯的情形是 ( )

A. 与同车道前车的距离为 150 m 时　　B. 与相对方向来车的距离为 200 m 以外时

C. 与同车道前车的距离为 80 m 时　　D. 与相对方向来车的距离为 150 m 以外时

16. 根据现行法律法规和规章,道路运输企业不需要到公安机关办理通行(许可)证的货物是 ( )

A. 危险废物　　B. 民用爆炸物品

C. 烟花爆竹　　D. 剧毒化学品

17. 根据《道路运输企业主要负责人和安全生产管理人员安全考核管理办法》,下列人员中,不属于道路运输企业安全生产管理人员的是 ( )

A. 分管安全生产的负责人　　B. 生产经营单位主要负责人

C. 专职安全生产管理人员　　D. 兼职安全生产管理人员

18. 根据《汽车客运站安全生产规范》,关于汽车客运站安全生产管理人员职责的说法,错误的是 ( )

A. 组织或参与本单位应急救援演练

B. 组织或参与本单位安全生产宣传、教育和培训,并如实记录

C. 保证本单位安全生产费用投入的有效实施

D. 检查本单位的安全生产状况,及时排查生产安全事故隐患,提出改进安全生产管理的建议

19. 根据《汽车客运站级别划分和建设要求》,一、二、三级车站和便捷车站均应设置的设备配置是 ( )

A. 安全监控设备　　B. 广播通信设备

C. 安全检查设备　　D. 网络售(取)票设备

20. 某网络货运公司,规模为 300 辆营运货车,从业人员为 400 人,关于其安全生产管理制度的说法,正确的是 ( )

A. 建立安全生产责任制度,无需建立安全生产业务操作规程

B. 建立驾驶员登记查验制度,无需建立车辆资质登记查验制度

C. 建立托运人身份查验登记制度

D. 设立相应的安全生产管理部门或者配备兼职安全管理人员

得　分	评卷人

二、案例分析题【共 4 题,共 80 分。其中第一题为客观题(包括单选题和多选题),第二、三、四题为主观题。单选题每题的备选项中只有 1 个最符合题意。多选题每题的备选项中有 2 个或 2 个以上符合题意,至少有 1 个错项;错选,本题不得分;少选,所选的每个选项得 0.5 分】

【案例一】

某日一大型普通客车在高速公路行驶过程中,因车辆失控与中央护栏刮擦、碰撞后起火燃烧,共造成 6 人死亡,11 人受伤的较大道路旅客运输生产安全事故。

调查发现:

(1) 大客车驾驶员事发前驾驶的车辆未按要求进行安全例行检查(以下简称"例检"),车辆制动系统存在问题,储气筒工作气压不符合要求;且当日驾驶员驾驶车辆行驶至事发路段时

②出厂文件显示，罐体耐压试验压力为0.069 MPa，采用气液组合的试验方法。

③车辆于2021年生产制造，出厂文件显示罐体容积是46 m^3，盛水试验显示实际容积为52 m^3。

④罐体尾部装有的紧急切断阀在事故发生时未能有效关闭。

⑤罐体截面形状为非圆形。

根据《道路运输液体危险货物罐式车辆 第1部分：金属常压罐体技术要求》，罐体适装介质列表的危险货物相关要求如下表。

GB12268编号	介质名称和说明	浓度	罐体设计代码	罐式运输车辆	液压试验压力/MPa	罐体截面要求
1230	甲醇	<100	L4BH	FL	0.4	圆形
		100				
1203	车用汽油或汽油	—	LGBF	FL	G	圆形或非圆形
1202	柴油(闪点不大于60 ℃)	—	LGBF	FL	G	圆形或非圆形
1307	二甲苯	—	LGBF	FL	G	圆形或非圆形
注：在选择罐体时，除了按照标明的罐体代码选择外，也可按照层级递增关系选择具有更高安全水平的罐体。罐体设计代码的层级关系如下： 第2位的层级关系由低至高为G→1.5→2.65→4→10→15→21。 第3位的层级关系由低至高为A→B→C→D。 第4位的层级关系由低至高为V→F→N→H						

根据以上场景，回答下列问题(共22分)：

1. 结合本案例，判断该罐式车辆是否可以承运甲醇，并解释具体原因。
2. 结合本案例，简述该罐式车辆罐体检测初检不合格的主要原因。
3. 根据《危险货物道路运输安全管理办法》，结合本案例，简述企业存在哪些违法违规行为。
4. 结合本案例，简述危险货物托运清单应当载明的事项(至少列出6个)。

【案例四】

某日，一辆大客车自 A 市驶往 B 市（间距 1 050 km），凌晨 3 时 20 分行驶至高速公路某隧道口（大型车限速为 60 km/h）时，撞向隧道口端墙壁，发生死亡 30 人、伤 11 人的特别重大交通事故。

调查发现：

(1) 肇事车辆自从 A 市出发至事故发生时，该车驾驶员已在夜间连续驾车超过 4 小时，且在凌晨 2 时至 5 时未进行接驳运输。该驾驶员连续 6 天执行长途班线运输任务合计 46 小时。

(2) 事故发生前车速约为 86 km/h。

(3) 车内座椅除最后排外全部脱落并叠加在一起，乘客被挤压在座椅中间。

(4) B 市交运集团和 A 市汽运公司存在道路客运源头安全生产管理缺失，未严格执行驾驶员休息、车辆动态监控等制度，驾驶员和车辆技术档案不齐全；该驾驶员聘用之前 12 个月内已有 4 次超速违法记录。

(5) A，B 市交通运输主管部门对相关企业存在的安全隐患问题督促整改不力。

(6) B 市公安交警部门对运输企业动态监控系统记录的交通违法信息未及时全面查处。

(7) 事故车辆沿途相关交通运输主管部门对站外上客等违法行为查处不力，公安交警部门对超速违法行为查处不力。

(8) B 市人民政府没有有效督促指导该市交通运输主管部门依法履行道路运输安全监管职责。

根据以上场景，回答下列问题（共 26 分）：

1. 结合本案例，判断该驾驶员连续 6 天执行长途班线运输任务合计 46 小时，是否为疲劳驾驶？并说明原因。
2. 结合本案例，简述该起事故发生的直接原因和间接原因。
3. 根据《道路旅客运输企业安全管理规范》，结合本案例，A 市汽运公司应给该大客车至少配置几名驾驶员？并简述高速公路直达长途客运驾驶员配备要求。
4. 根据《道路旅客运输企业安全管理规范》，结合本案例，简述客运车辆技术档案材料应包括哪些内容（至少列出 6 个）。
5. 根据《道路旅客运输企业安全管理规范》，结合本案例，简述道路客运企业不得聘用客运驾驶员的情况（至少列出 4 个）。

(2)驾驶员驾驶悬架系统进行过非法改装的车辆上路行驶。

(3)驾驶员疲劳驾驶。

(4)肇事车辆带病上路。

(5)肇事车辆刹车失灵。

(6)在车辆失去制动情况下未采取紧急避险措施。

(7)货物装载捆绑固定存在安全隐患。

(8)企业对驾驶员安全培训、动态监控不到位。

2.本案例中,重型半挂牵引车在长大下坡路段制动失灵时,甲驾驶员可采取以下应急避险措施:

(1)握稳转向盘,控制车辆行驶方向。

(2)降低挡位至最低挡,逐渐拉紧驻车制动器,装备有缓速器等辅助制动装置的车辆,同时开启辅助制动装置,保持车辆平稳减速停车。

(3)观察周边的地形条件,利用紧急避险车道、坡道或用车辆侧面擦碰岩壁、安全护栏等方式减速停车。

(4)全面观察周边的交通情况,通过开启危险报警闪光灯、交替变换远近光灯、鸣喇叭或打手势,向其他道路交通参与者发出警示信号。

3.重型载货汽车运输风险主要包括以下致险情景:

(1)车辆严重超限超载。

(2)车辆非法改装。

(3)企业动态监管不到位,未及时发现和纠正驾驶员有关违规行为。

(4)驾驶员驾驶应急处置能力不高。

【命题点与拓展】

1.本案例第1问考查的是造成事故的主要原因。导致道路交通事故发生的原因主要有司机、车辆、管理、环境等方面因素。司机因素主要表现有情绪不好、睡眠不足、开快车、注意力不集中、疲劳驾驶、醉酒驾驶、误操作等。车辆因素主要表现有灯光不好、制动不灵、方向失控等。管理因素主要表现有派车办私事、派病车上路、派非司机开车、规章制度不严、安全教育不落实、安全事项交代不清楚等。环境因素主要表现有气候不良、路面不好等。应结合具体的案例背景进行作答。

2.本案例第2问考查的是车辆制动失灵时的应急避险措施。当车辆发生转向失灵、制动失灵、侧滑、自燃、遇前方有障碍物等情形时,驾驶员应当采取合适的应急处置措施。车辆制动失灵时的应急处置措施内容详见答案。

3.本案例第3问考查的是重型载货汽车运输风险的致险情景。重型载货汽车运输风险的主要致险情景:(1)车辆严重超限超载。(2)车辆非法改装。(3)企业动态监管不到位,未及时发现和纠正驾驶员有关违规行为。(4)驾驶员驾驶应急处置能力不高。重型载货汽车运输风险的防控要点:(1)联合相关部门加强对"百吨王"等重型货车违法超限超载进行治理。(2)严格实施货车达标车型监管要求,加强重型货车定期检验检测管理,督促道路货运企业加强车辆技术管理。(3)强化重型货车动态监管。(4)督促货运企业加强驾驶员安全驾驶培训教育,强化重型货车驾驶员从业资格管理。

【案例三】

【答案】

1.该罐式车辆不可以承运甲醇。原因如下:

(1)该车罐体设计代码为LGBF,而运输甲醇的罐体设计代码是L4BH,根据罐体代码的层级递增关系,该车罐体LGBF的安全水平低于运输甲醇要求的L4BH。

(2)运输甲醇的罐体截面应为圆形,液压试验压力为0.4 MPa,而该罐体截面为非圆形,采用气液组合的试验方法且试验压力为0.069 MPa,罐体截面和试验压力均不符合运输甲醇的要求。

2.该罐式车辆罐体检测初检不合格的主要原因有:

(1)实际容积为52 m^3,大于出厂文件显示的罐体容积46 m^3。

(2)罐体尾部装有的紧急切断阀在事故发生时未能有效关闭。

3.本案例中,企业存在的违法违规行为有:

(1)安排罐体未在检验有效期内的罐式车辆上路行驶。

(2)安排道路运输证过期的车辆上路行驶。

(3)使用不满足要求的罐体运输危险货物。

(4)企业未在危险货物道路运输电子运单系统中填写该趟次运输任务。

4.危险货物托运清单应当载明以下事项:

(1)托运人的名称和地址。

(2)收货人的名称和地址。

(3)装货单位名称。

(4)实际发货/装货地。

(5)实际收货/卸货地址。

(6)运输企业名称。

(7)所托运危险货物的UN编号(含大写"UN"字母)。

(8)危险货物正式运输名称。

(9)危险货物类别及项别。

(10)危险货物包装类别及规格。

(11)危险货物运输数量。

(12)24 h 应急联系电话。

(13)必要的危险货物安全信息,作为托运清单附录,主要包括操作、装卸、堆码、储存安全注意事项以及特殊应急处理措施等。

【命题点与拓展】

1. 本案例第 1 问考查的是罐式车辆与承运介质适配性分析。根据罐体代码的层级递增关系,第 2 位的层级关系由低至高为 G→1.5→2.65→4→10→15→21,第 4 位的层级关系由低至高为 V→F→N→H,可知该车设计罐体 LGBF 的安全水平低于运输甲醇要求的 L4BH。该车罐体截面为非圆形,不符合运输甲醇罐体要求的圆形截面。该车罐体耐压试验采用气液组合的试验方法且试验压力为 0.069 MPa,明显小于运输甲醇罐体要求的液压试验压力 0.4 MPa。综上所述,该罐式车辆不可以承运甲醇。

2. 本案例第 2 问考查的是罐体检测初检不合格的主要原因。道路运输液体危险货物金属常压罐体定期检验前应根据罐体的使用、损伤模式及失效模式制定检验方案,检验至少应包括罐体资料审查、结构及几何尺寸检验、罐体外观检验、附件检验、罐体壁厚测定、罐体试验、罐体与底盘(或者行走机构)连接检查。其中,结构及几何尺寸检验要求检验罐体允许最大充装质量是否不大于罐车的核定载质量;附件检验包括安全泄放装置检验、紧急切断装置(紧急切断阀)检验、真空减压阀检验、导静电装置检验、装卸阀门检验、装卸附件检验、仪表检验。

3. 本案例第 3 问考查的是危险货物道路运输企业存在的违法违规行为。根据《危险货物道路运输安全管理办法》,道路危险货物运输企业或者单位应当按照有关车辆管理的规定,维护、检测、使用和管理专用车辆,确保专用车辆技术状况良好。禁止使用报废的、擅自改装的、检测不合格的、车辆技术等级达不到一级的和其他不符合国家规定的车辆从事道路危险货物运输。罐式专用车辆的常压罐体应当符合国家标准《道路运输液体危险货物罐式车辆 第 1 部分:金属常压罐体技术要求》《道路运输液体危险货物罐式车辆 第 2 部分:非金属常压罐体技术要求》等有关技术要求。使用压力容器运输危险货物的,应当符合有关技术要求。压力容器和罐式专用车辆应当在压力容器或者罐体检验合格的有效期内承运危险货物。

4. 本案例第 4 问考查的是危险货物托运清单应当载明的事项。托运人在托运危险货物时,应向承运人提交危险货物托运清单。危险货物托运清单可以是电子或纸质形式。危险货物托运清单至少应包含以下信息:(1)托运人的名称和地址。(2)收货人的名称和地址。(3)装货单位名称。(4)实际发货/装货地。(5)实际收货/卸货地址。(6)运输企业名称。(7)所托运危险货物的 UN 编号(含大写“UN”字母)。(8)危险货物正式运输名称。(9)危险货物类别及项别。(10)危险货物包装类别及规格。(11)危险货物运输数量。(12)24 h 应急联系电话。(13)必要的危险货物安全信息,作为托运清单附录,主要包括操作、装卸、堆码、储存安全注意事项以及特殊应急处理措施等。

【案例四】

【答案】

1. 该驾驶员连续 6 天执行长途班线运输任务合计 46 小时,构成疲劳驾驶。理由:客运驾驶员任意连续 7 日内累计驾驶时间不得超过 44 小时,期间有效落地休息。

2. 该起事故发生的直接原因是疲劳驾驶的驾驶员,超速行驶撞向隧道口端墙壁。

该起事故发生的间接原因有:

(1)B 市交运集团和 A 市汽运公司存在道路客运源头安全生产管理缺失,未严格执行驾驶员休息、车辆动态监控等制度,驾驶员和车辆技术档案不齐全;该驾驶员聘用之前 12 个月内已有 4 次超速违法记录。

(2)A,B 市交通运输主管部门对相关企业存在的安全隐患问题督促整改不力。

(3)B 市公安交警部门对运输企业动态监控系统记录的交通违法信息未及时全面查处。

(4)事故车辆沿途相关交通运输主管部门对站外上客等违法行为查处不力,公安交警部门对超速违法行为查处不力。

(5)B 市人民政府没有有效督促指导该市交通运输主管部门依法履行道路运输安全监管职责。

3. A 市汽运公司应给该大客车至少配置 2 名驾驶员。

高速公路直达长途客运驾驶员配备要求如下:

(1)高速公路直达客运超过 600 km 的客运车辆应当配备 2 名及以上客运驾驶员。

(2)实行接驳运输的,且高速公路直达客运小于 600 km 的,客运车辆运行过程中可只配备 1 名驾驶

7. 根据《道路旅客运输企业安全管理规范》,客运企业应当建立生产安全事故责任倒查制度,按照“四不放过”原则对相关责任人进行严肃处理。下列不属于“四不放过”原则的是 ( )

A. 教训不吸取不放过

B. 整改措施不落实不放过

C. 事故原因不查清不放过

D. 事故受害者补偿不到位不放过

8. 根据《刑法》,对行驶中的公共交通工具的驾驶人员使用暴力或者抢控驾驶操纵装置,干扰公共交通工具正常行驶,危及公共安全的行为,构成 ( )

A. 危险驾驶罪

B. 故意伤害罪

C. 重大责任事故罪

D. 妨害安全驾驶罪

9. 根据《道路运输企业车辆技术管理规范》,关于车辆技术管理机构和技术管理人员设置的要求,正确的是 ( )

A. 拥有 20 辆(含)以上营运车辆的普通货物运输企业应设置车辆技术管理机构

B. 拥有 20 辆(含)以下营运车辆的普通货物运输企业无需配备车辆技术管理人员

C. 拥有 100 辆以上营运车辆的普通货物运输企业应至少配备 1 名车辆技术管理人员

D. 拥有 100 辆以下营运车辆的普通货物运输企业应至少配备 1 名车辆技术管理人员

10. 道路货物运输驾驶员诚信考核计算周期从(　　)开始。

A. 从业资格考试合格

B. 初次领取从业资格证

C. 初次签注诚信考核等级

D. 初次执行货运任务

11. 关于危险货物道路运输安全生产基本情况的说法,错误的是 ( )

A. 危险货物种类繁多,危险特性复杂多样

B. 危险货物道路运输行业整体存在小、散、弱等特点

C. 危险货物道路运输企业经营状况普遍较好,风险低

D. 危险货物道路运输事故主要原因是人的因素

12. 根据《生产安全事故应急条例》,关于危险货物道路运输企业应急救援的说法,错误的是 ( )

A. 当应急指挥机构及其职责调整时,应及时修订应急救援预案

B. 危险货物道路运输企业应将应急救援队伍建立情况,报送县级以上交通运输主管部门,并依法向社会公布

C. 危险货物道路运输企业应至少每年组织 1 次生产安全事故应急救援预案演练

D. 危险货物道路运输企业的应急救援人员应当具备必要的专业知识、技能、身体素质和心理素质

13. 根据《汽车客运站安全生产规范》,汽车客运站安全生产管理的总体目标是把住汽车客运站 ( )

A. 车辆动态运行关

B. 安全生产源头关

C. 从业人员资格关

D. 乘客有序乘车关

14. 货运场站应当保证安全生产条件所必须的资金投入,依据有关规定按照上年度实际营业收入(　　)的比例提取。

A. 0.5%　　B. 0.8%

C. 1%　　D. 1.5%

15. 汽车维修时更换下来的危险废物,应按危险废品集中贮存、处置,下列物品不属于危险废物的是 (　　)

A. 废弃的三元催化转化装置　　B. 废弃的废旧轮胎

C. 废弃的含汞灯泡　　D. 废弃的集成电路板

16. 根据《机动车驾驶员培训管理规定》,驾驶培训机构的训练场地与办公、教学和生活等区域之间应设置 (　　)

A. 安全隔离设施　　B. 教练车通行标志

C. 教练车行驶通道　　D. 教练车警示标志

17. 根据《汽车客运站安全生产规范》,在汽车客运站,由安全例检人员签发,并作为营运客车报班发车依据的是 (　　)

A. 营运客车出站登记表　　B. 营运客车安全例行检查报告单

C. 营运客车安全例行检查合格通知单　　D. 营运客车安全例行检查台账

18. 根据《生产安全事故应急条例》,关于危险货物运输企业生产安全事故应急救援预案的说法,错误的是 (　　)

A. 向县级以上市场监督管理部门备案　　B. 向县级以上交通运输主管部门备案

C. 依法向社会公布　　D. 向本单位从业人员公布

19. 根据《道路运输车辆技术管理规定》,不属于道路普通货物运输经营车辆必须满足的技术要求是 (　　)

A. 车辆的外廓尺寸、轴荷和最大允许总质量应当符合《道路车辆外廓尺寸、轴荷及质量限值》的要求

B. 车辆的技术性能应当符合《道路运输车辆综合性能要求和检验方法》的要求

C. 车型的燃料消耗量限值应当符合《营运客车燃料消耗量限值及测量方法》《营运货车燃料消耗量限值及测量方法》的要求

D. 车辆技术等级应当达到一级以上,技术等级评定方法应当符合国家有关道路运输车辆技术等级划分和评定的要求

20. 汽车维修工在使用台式砂轮机磨削作业时,符合安全要求的操作是 (　　)

A. 磨削时接触压力要均匀,严禁撞击砂轮

B. 调整工作台面高度与砂轮中心高度相同或略低一点

C. 在同一块砂轮上,两人可同时操作

D. 可以在砂轮侧面磨削

【案例三】

某日13时，A运输企业根据B托运人的委托，指派驾驶人甲驾驶罐式车辆去C生产企业装货。C生产企业装卸工在未核实罐体适装介质的情况下，将过氧化二叔丁基装入该涉事罐式车辆中，共计10.08 t。车辆行经至某国道交叉口处时，罐体突然发生爆炸，造成5人死亡，11人受伤，直接经济损失约1 100万元。

调查发现：涉事A运输企业的《道路运输经营许可证》经营范围为"危险货物运输（第3、6、8、9类）和普通货物运输"；涉事半挂车公告信息显示：罐体有效容积为45.0 m^3；运输的介质为：十五烷（密度为769 kg/m^3），辛烷（密度为700 kg/m^3），类项号为3类。半挂车的《道路运输证》经营范围为危险货物运输第3类（辛烷、十五烷）。驾驶人准驾车型A2，具有有效的道路危险货物运输从业资格证。罐体实际承载货物过氧化二叔丁基（UN 3107）为5.2项有机过氧化物。相关运输信息如下表。

联合国编号	中文名称和描述	类别	包装类别	标志	特殊规定	有限数量和例外数量		包装	可移动罐柜和散装容器		罐体		运输罐体车辆
								包装指南	指南	特殊规定	罐体代码	特殊规定	
(1)	(2)	(3a)	(4)	(5)	(6)	7(a)	7(b)	(8)	(10)	(11)	(12)	(13)	(14)
1262	辛烷类	3	Ⅱ	3		1 L	E2	P001 IBC02 R001	T4	TP1	LGBF		FL
3107	E型有机过氧化物，液体的	5.2		5.2	122 274	125 mL	E0	P520					

根据以上场景，回答下列问题（共22分）：

1. 结合本案例，该运输是否属于超许可经营范围？过氧化二叔丁基的正式运输名称是什么？
2. 本案例中过氧化二叔丁基需要使用符合哪种包装指南的包装来运输？
3. 结合本案例，过氧化二叔丁基是否适用例外数量或有限数量道路运输？为什么？
4. 根据《危险货物道路运输安全管理办法》，结合本案例，简答一般装货人在充装或者装载货物前应查验哪些事项（至少列出4个）？
5. 本案例中过氧化二叔丁基是否可以使用罐式车辆或者可移动罐柜运输？

【案例四】

某日16时30分,某旅客运输企业的大型客车在高速公路行驶途中左前轮爆胎,导致车辆失控,车身左侧与道路中央带波形梁护栏连续刮擦挤压后,车辆越过护栏,进入对方车道过程中发生侧翻,造成25人死亡、5人受伤。

调查发现:该运输企业、客车及客运站相关经营许可手续均合法有效,但客车未办理进站手续,客车进出站均未进行检查。客运车辆左前轮存在锐利物刺破伤痕,该伤痕非本次事故碰撞造成。事发当天13时从客运站出站时,共载有乘客10人,沿途未进站点多次上客,事发时共有驾乘人员30人(其中2名驾驶人)。驾驶人驾驶客运车辆于15时40分私自绕行进入某货运站,累计装载货物10 t,导致客车总质量达到15.5 t(客车额定总质量7.5 t)。事发时客运车辆行驶速度为110 km/h。

根据以上场景,回答下列问题(共26分):

1. 结合本案例,该旅客运输企业在事故中存在哪些问题(至少列出5个)?
2. 根据《道路旅客运输及客运站管理规定》,申请从事客运站经营应具备的条件中,要求有健全的业务操作规程和安全管理制度,主要包括哪些(至少列出3个)?
3. 结合本案例,该客运站存在的主要问题是什么?简答客车"三不进站"的内容。
4. 货运站在本案例事故中存在哪些问题?

3. ADE 【精析】发生爆胎的主要原因:(1)轮胎气压过高或过低。(2)轮胎遭到损坏、催化和干裂等严重磨损。(3)轮胎突然被扎破或受到猛烈撞击。

4. AB 【精析】发生前轮爆胎时,驾驶员应正确进行以下操作:(1)松开加速踏板,以降低车速。(2)双手紧握方向盘,控制行车方向,让汽车沿原行驶方向继续行驶,切忌猛打方向盘,以免造成车辆侧滑或侧翻。(3)不可反复踩制动踏板或紧急制动,以免造成翻车。(4)待车速明显降低后,选择安全区域停车。

5. ABD 【精析】生产经营单位通常采用安全检查表法(SCL)对事故隐患进行排查,常见的组织排查的方式有综合检查、专业检查、季节性检查、日常检查、节假日检查等。综合检查每年至少进行1次。

【案例二】

【答案】

1. A车的核载质量为:105 - 73 = 32(t)。

超载率:73/32 × 100% = 228.1%。

2. 普通货物运输驾驶员从业资格证有效期为6年。

驾驶人甲不可进行换证。理由:道路运输从业人员应当在从业资格证件有效期届满30日前到原发证机关办理换证手续。

3. B轻型普通货车不需要车辆营运证。理由:总质量4.5 t及以下普通货运车辆无需提供车辆营运证。

4. 道路运输经营者和驾驶人使用卫星定位装置的主要要求有:

(1)道路运输经营者应当选购安装符合标准的卫星定位装置的车辆,并接入符合要求的监控平台。

(2)对新出厂车辆已安装的卫星定位装置,任何单位和个人不得随意拆卸。

(3)道路运输经营者应当确保卫星定位装置正常使用,保持车辆运行实时在线。

(4)卫星定位装置出现故障不能保持在线的道路运输车辆,道路运输经营者不得安排其从事道路运输经营活动。

(5)任何单位和个人不得破坏卫星定位装置以及恶意人为干扰、屏蔽卫星定位装置信号,不得篡改卫星定位装置数据。

本案例驾驶人甲的违法行为有:

(1)超载。

(2)擅自切断卫星定位装置电源。

(3)持已失效的从业资格证驾驶车辆。

(4)未按国家规定的时间间隔进行重型运输车辆二级维护。

【命题点与拓展】

1. 本案例第1问考查的是核载质量和超载率的计算。根据题干,A重型运输车辆载重总质量为105 t,超载73 t,则核定载质量 = 载重总质量 - 核定载重超出量 = 105 - 73 = 32(t)。超载率 = 核定载重超出量/核定载质量 × 100% = 73/32 × 100% = 228.1%。

2. 本案例第2问考查的是道路运输从业资格证的规定。《道路运输从业人员管理规定》第二十九条规定,道路运输从业人员从业资格证件有效期为6年。道路运输从业人员应当在从业资格证件有效期届满30日前到原发证机关办理换证手续。道路运输从业人员从业资格证件遗失、毁损的,应当到原发证机关办理证件补发手续。

3. 本案例第3问考查的是普通货物运输车辆车辆营运证的管理规定。根据《关于取消总质量4.5 t及以下普通货运车辆道路运输证和驾驶员从业资格证的通知》的规定,自2019年1月1日起,各地交通运输管理部门不再为总质量4.5 t及以下普通货运车辆配发道路运输证。自2019年1月1日起,对于总质量4.5 t及以下普通货运车辆从事普通货物运输活动的,各地交通运输管理部门不得对该类车辆、驾驶员以"无证经营"和"未取得相应从业资格证件,驾驶道路客货运输车辆"为由实施行政处罚。案例中B轻型普通货车总质量未达到4.5 t,无需取得车辆营运证。

4. 本案例第4问考查的是道路运输经营者和驾驶人使用卫星定位装置的管理办法及违法驾驶行为。驾驶人的违法行为可直接参考案例场景进行总结,详见答案。

【案例三】

【答案】

1. 该运输属于超许可经营范围。理由:A运输企业不具备5.2类危险货物运输相关资质。

过氧化二叔丁基的正式运输名称为:E型有机过氧化物,液体的(过氧化二叔丁基)。

2. 过氧化二叔丁基应按照JT/T 617.4—2018中规定包装指南P520来包装运输。

3. 过氧化二叔丁基不适用于例外数量道路运输。理由:"7(b)"栏中为"E0"。

但可适用有限数量道路运输。理由:"7(a)"栏中不为"0"。

4. 装货人应当在充装或者装载货物前查验以下事项：

(1)车辆是否具有有效行驶证和营运证。

(2)驾驶人、押运人员是否具有有效资质证件。

(3)运输车辆、罐式车辆罐体、可移动罐柜、罐箱是否在检验合格有效期内。

(4)所充装或者装载的危险货物是否与危险货物运单载明的事项相一致。

(5)所充装的危险货物是否在罐式车辆罐体的适装介质列表范围内，或者满足可移动罐柜导则、罐箱适用代码的要求。

5. 过氧化二叔丁基不可使用罐式车辆或者可移动罐柜运输。

【命题点与拓展】

1. 本案例第1问考查的是危险货物运输企业道路运输经营许可以及危险货物正式运输名称。《危险货物道路运输安全管理办法》第二十二条规定，危险货物承运人应当按照交通运输主管部门许可的经营范围承运危险货物。第二十三条规定，危险货物承运人应当使用安全技术条件符合国家标准要求且与承运危险货物性质、重量相匹配的车辆、设备进行运输。危险货物承运人使用常压液体危险货物罐式车辆运输危险货物的，应当在罐式车辆罐体的适装介质列表范围内承运；使用移动式压力容器运输危险货物的，应当按照移动式压力容器使用登记证上限定的介质承运。危险货物承运人应当按照运输车辆的核定载质量装载危险货物，不得超载。本案例中，A运输企业不具备承运第5类危险货物的道路运输资质，且没有使用可以运输第5类危险货物的运输工具，违反上述规定。对于危险货物的正式运输名，一般根据运输信息表中"(2)中文名称和描述"确定。但正式运输名称为集合条目且在运输信息表第(6)列中注明了特殊规定274或318的，应附加技术名称。技术名称应写在正式运输名称之后的圆括号内，也可以使用适当的限定词，如"含有"或其他限定词如"混合物""溶液"等，以及技术成分的百分含量。如本案例中正式运输名应为"E型有机过氧化物，液体的(过氧化二叔丁基)"。如表第(6)列无特殊规定时，括号里的内容可不写。

2. 本案例第2问考查的是危险货物道路运输的包装指南。可在运输信息表第(8)列找到危险货物对应的包装指南编号，并结合《危险货物道路运输规则 第4部分：运输包装使用要求》提供的包装一览表检索相关序号得到详细的包装信息。

3. 本案例第3问考查的是例外数量和有限数量道路运输的规定。道路运输信息表第(7a)列规定了每种物质适用于内包装或物品的数量限制。该列中用"0"表示不适用于按照有限数量运输的条目。可作为例外数量运输的危险货物，在道路运输信息表第(7b)列中，使用相关字母数字编码表示，如"E0"表示不适用例外数量运输。

4. 本案例第4问考查的是装货人充装或装载货物时应查验的内容。详见答案。

5. 本案例第5问考查的是危险货物的运输车辆。运输信息表第(10)~(14)列描述了适用于危险货物的可移动罐柜和散装容器、罐体及运输罐体的车辆。该信息是由《危险货物道路运输规则 第3部分：品名及运输要求索引》明确规定的，如此项没有内容，则说明没有适用该危险货物的可移动罐柜和散装容器、罐体及运输罐体的车辆，即不可采用上述方法运输。

【案例四】

【答案】

1. 该旅客运输企业在事故中存在的问题主要有：

(1)运输车辆在进站时未按规定办理进站手续。

(2)未按规定对道路运输车辆进出站进行安全例行检查。

(3)允许驾驶人员在非客运站点私自接客。

(4)允许运输车辆驾驶人员私自改变途径路线，并进行客货混装。

(5)允许运输车辆超载、超速。

(6)对营运车辆监管不力，或发现问题未及时提醒和制止。

(7)企业安全生产责任不落实，安全教育培训较差。

2. 健全的业务操作规程和安全管理制度包括服务规范、安全生产操作规程、车辆发车前例检、安全生产责任制，以及国家规定的危险物品及其他禁止携带的物品查堵、人员和车辆进出站安全管理等安全生产监督检查的制度。

3. 客运站存在的主要问题是未对进出站车辆进行安全例行检查。

"三不进站"是指危险品不进站、无关人员不进站、无关车辆不进站。

4. 货运站存在的主要问题有：

(1)允许资质不合格车辆及驾驶员进出站，并进行装载货物。

6. 从事国际道路客运、高速公路客运或营运线路长度在 800 km 以上的客运车辆，其技术等级应当达到 （ ）

A. 一级　　B. 二级

C. 二级以上　　D. 三级以上

7. 关于车辆设施设备的正确装配和使用的说法，错误的是 （ ）

A. 制动器应有磨损补偿装置

B. 根据车型、行驶条件等选择不同结构的轮胎

C. 车身反光标识在白天以其鲜艳的色彩起到明显的警示作用

D. 总质量大于 3 500 kg 的货车，应提供对平行车辆纵轴方向的作用力具有足够阻挡力的前下部防护

8. 用一个或两个吊索吊住货物层的一个或两个角，防止货物层的倾斜或滑动，这种捆绑方法是 （ ）

A. 顶部捆绑　　B. 环形捆绑

C. 对角捆绑　　D. 绕圈捆绑

9. 根据物质本身的危险程度，将其分为 3 个包装类别，其中Ⅱ类包装适用 （ ）

A. 内装极高危险性的物质　　B. 内装高度危险性的物质

C. 内装中等危险性的物质　　D. 内装轻度危险性的物质

10. 下列货物中，可以使用罐式专用车辆进行运输的是 （ ）

A. 食品　　B. 生活用品

C. 液氧、甲苯　　D. 药品、医疗器具

11. 根据《手提式灭火器 第 1 部分：性能和结构要求》，除金属燃烧的火灾，其他类型火灾均可扑灭的灭火器是 （ ）

A. 泡沫灭火器　　B. 干粉灭火器

C. 二氧化碳灭火器　　D. 洁净气体灭火器

12. 罐体设计代码标明了罐体详细信息，其由四位数组成（L***），其中第二位“*”表示的是 （ ）

A. 供液态物质使用的罐　　B. 罐体的最小计算压力

C. 卸料方式和卸料阀门的要求　　D. 安全泄放装置的设置要求

13. 下列选项中，不属于紧急切断装置控制系统的常用类型的是 （ ）

A. 气动式　　B. 机械式

C. 液压式　　D. 电动式

14. 汽车客运站作业流线组织的好坏，直接影响到客运站内、外部交通和生产安全及运行效率。下列流线组织原则中，错误的是 （　　）

A. 站内不同流线不能交叉

B. 车站进出口须距离十字路口至少 50 m

C. 车辆入口应位于出口上游

D. 各种流线应简捷、通畅、不迂回，尽量使各种流线最短

15. 某综合型货运场站占地面积 650 亩，年处理能力 700 万吨。按照相关分级标准，该综合型货运场站级别为 （　　）

A. 一级　　B. 二级

C. 三级　　D. 四级

16. 下列情形中，会导致道路运输企业年度考核记为不合格的是 （　　）

A. 使用符合标准规范要求的监控平台及车载终端

B. 因操作失误偶然误删少量车辆动态监控数据

C. 设置技术壁垒，阻碍车辆正常转网

D. 1 年内累计 2 个月考核不合格

17. 下列选项中，不属于 ATIS 组成部分的是 （　　）

A. 交通信息采集　　B. 交通数据处理

C. 交通规则制定　　D. 交通信息发布

18. 车辆发生自燃时，应将现场人员疏散到来车方向距事故发生地点（　　）m 以外道路或护栏外侧的安全区域。

A. 50　　B. 100

C. 150　　D. 200

19. 关于空气压缩机安全操作的说法，正确的是 （　　）

A. 压力表每 2 年校验 1 次，储气罐内部检查和水压强度试验每 2 年 1 次

B. 安全阀每月做 1 次自动启动试验，每 6 个月校正 1 次，并加铅封

C. 机器在运转中但压力较低时，可进行简单的修理工作

D. 机房内可临时存放少量易燃易爆物品，方便工作使用

20. 某驾培机构安全管理制度规定，要认真做好"三检"，确保"四良"和"两洁"。其中，"四良"不包括 （　　）

A. 制动良好　　B. 转向良好

C. 灯光良好　　D. 车漆良好

采取了急踩死刹车的不规范操作，导致全挂车瞬间失衡侧翻。事故造成驾驶员李某当场身亡，同车人员刘某受重伤。

根据以上场景，回答下列问题（共22分）：

1. 该车是否存在超限运输现象，并说明理由。

2. 结合本案例，承运人申请公路超限运输许可时应当提交的材料有哪些？

3. 分析该起事故的直接责任者和领导责任者。

4. 结合本案例，简述车辆轮胎爆裂时的安全防护措施。

【案例三】

2024年5月30日5时40分，从E省某市汽车运输(集团)有限公司出发的一辆黄河牌大客车(搭载40人)，在开往I省某市途经G省某市境内一高速公路某大桥路段时发生落水事故。事故造成30人死亡，10人失踪。

事故经过：5月29日上午9时20分李某驾驶车辆从客运站出发，16时37分李某驾驶大客车进入集团公司设在F省某客运中途服务站进行车辆检查，车辆停留时间为40 min，次日0时20分大客车进入集团公司设在G省某超长客运中途服务站进行车辆检查，车辆停留时间为35 min。出站时改由王某驾驶(王某非客运集团驾驶员，且无客运车辆驾驶证与从业资格证)，当驾车驶至某大桥路段的弯道处时，由于车速过快(该路段限速80 km/h)而偏离正常行驶路面，王某没有及时校正和采取制动，致使客车冲出路面落水。

事故调查发现：由客运公司提供的GPS监控记录报告显示，在事故发生前，大客车速度为100 km/h。经过检验检测，大客车转向系、行驶系、电源及照明主要性能、车身及附件主要性能均合格，制动系不合格。

根据以上场景，回答下列问题(共22分)：

1. 结合本案例，简述车辆在进入弯道行驶时要注意的事项。
2. 判断制动系不合格是否属于重大事故隐患，若为重大事故隐患，简述隐患治理方案的内容。
3. 结合本案例，简述道路运输企业监控人员的配备规定及监控人员应履行的职责。
4. 结合本案例，简述车辆落水后的应急处置措施。

综合型	一级	二级	三级
占地面积/亩	≥600	≥300	≥150
处理能力/(万吨/年)	≥600	≥300	≥100

16. C 【精析】道路运输企业、服务商有下列情形之一的,年度考核记为不合格:(1)使用不符合标准规范要求的监控平台或车载终端的。(2)伪造、篡改、删除车辆动态监控数据的。(3)设置技术壁垒,阻碍车辆正常转网的。(4)1年内累计3个月及以上考核不合格的。(5)其他严重违反动态监控规章制度的。

17. C 【精析】智能化交通信息服务技术是先进的交通信息系统(ATIS)的基础。ATIS是智能交通运输系统(ITS)的关键部分,它主要由交通信息采集、交通数据处理和交通信息发布3个部分组成。

18. B 【精析】车辆发生自燃时,应将现场人员疏散到来车方向距事故发生地点100 m以外道路或护栏外侧的安全区域;有人员受伤时,及时采取自救和互救措施。

19. B 【精析】压力表每年校验1次,储气罐、导管接头外部检查每年1次,内部检查和水压强度试验每3年1次。故选项A错误。机器在运转中或设备有压力的情况下,不得进行任何修理工作。故选项C错误。机房内不准放置易燃易爆物品。故选项D错误。

20. D 【精析】"四良"包括制动、转向、灯光、信号良好;"两洁"包括车容整洁、车内整洁。

二、案例分析题

【案例一】

1. D 【精析】货车自首次经国家机动车辆注册登记主管部门注册登记不满120个月的,每12个月进行1次检验检测和技术等级评定;超过120个月的,每6个月进行1次检验检测和技术等级评定。事故车2018年出厂,截至事故发生日,注册登记不满120个月,应每12个月进行1次检验检测和技术等级评定。

2. A 【精析】拥有30辆(含)以上营运车辆的普通货物运输企业应设置专门的车辆技术管理机构,配备技术负责人和车辆技术管理人员。拥有30辆以下营运车辆的普通货物运输企业应配备车辆技术管理人员。数量则按照每100辆车配备1人的要求,不足100辆的应至少配1人。其中,关于车辆数量计算,运输普通货物的挂车按照普通货车单计。

3. ACDE 【精析】制动过程中,汽车某一轴或两轴发生横向移动的现象称为制动侧滑。试验与分析都表明:汽车制动时,若后轴车轮比前轴车轮先抱死拖滑,就可能发生后轴侧滑。若能使前、后轴车轮同时抱死,或前轴车轮先抱死、后轴车轮后抱死或不抱死,则能防止后轴侧滑。汽车制动侧滑的影响因素主要有路面附着系数、制动时车轮的抱死及抱死顺序、车辆受到的横向力、车辆荷载及荷载转移。

4. ABCD 【精析】道路运输企业主要负责人和安全生产管理人员安全考核合格证明有效期为3年,有效期到期前3个月内,道路运输企业主要负责人和安全生产管理人员应当通过安全考核管理平台向属地交通运输主管部门提出延期申请。故选项E错误。

5. DE 【精析】总质量大于3 500 kg的货车和挂车(封闭式货车、旅居挂车等特殊用途的挂车除外)装用轮胎的总承载能力应小于或等于总质量的1.4倍。故选项A错误。货车车轮的转向轮不得装用翻新轮胎,其余车轮使用翻新轮胎则应符合规定。故选项B错误。同一轴的轮胎规格和花纹应相同,轮胎规格应符合整车制造厂的规定。换装新胎时,应尽量做到整车或同轴同换。故选项C错误。

【案例二】

【答案】

1. 属于超限运输。理由:车货总长度达到30 m,超过标准规定的18.1 m。

2. 承运人申请公路超限运输许可时应当提交的材料包括:

(1)公路超限运输申请表。

(2)承运人的道路运输经营许可证、经办人的身份证和授权委托书。

(3)车辆行驶证或者临时行驶车号牌。

(4)记录载货时车货总体外廓尺寸信息的轮廓图和护送方案。

3. 直接责任者:驾驶员李某;

领导责任者:王某。

4. 车辆轮胎爆裂时的安全防护措施:

(1)若后轮胎突爆,车辆会出现较大颤动,但轮胎倾斜度不会太大,方向也不会出现大的摆动。这时,只要轻踩制动,让汽车缓缓停下,就不会出现意外。

(2)若前轮胎突爆,车辆会立即出现跑偏或严重摇摆。此时不要惊慌,应双手用力控制住转向盘,放松油门踏板,让汽车沿原行驶方向继续行驶一段路程,使之自行停车。切忌紧急制动,否则会酿成翻车等事故。

【命题点与拓展】

1. 本案例第1问考查的是超限运输车辆的判定。超限运输车辆,是指有下列情形之一的货物运输车辆:(1)车货总高度从地面算起超过4 m。(2)车货总宽度超过2.55 m。(3)车货总长度超过18.1 m。(4)二轴货车,其车货总质量超过18 000 kg。(5)三轴货车,其车货总质量超过25 000 kg;三轴汽车列车,其车货总质量超过27 000 kg。(6)四轴货车,其车货总质量超过31 000 kg;四轴汽车列车,其车货总质量超过36 000 kg。(7)五轴汽车列车,其车货总质量超过43 000 kg。(8)六轴及六轴以上汽车列车,其车货总质量超过49 000 kg,其中牵引车驱动轴为单轴的,其车货总质量超过46 000 kg。

2. 本案例第2问考查的是承运人申请公路超限运输许可时应当提交的材料。申请公路超限运输许可的,承运人应当提交下列材料:(1)公路超限运输申请表,主要内容包括货物的名称、外廓尺寸和质量,车辆的厂牌型号、整备质量、轴数、轴距和轮胎数,载货时车货总体的外廓尺寸、总质量、各车轴轴荷,拟运输的起讫点、通行路线和行驶时间。(2)承运人的道路运输经营许可证,经办人的身份证件和授权委托书。(3)车辆行驶证或者临时行驶车号牌。(4)车货总高度从地面算起超过4.5 m,或者总宽度超过3.75 m,或者总长度超过28 m,或者总质量超过100 000 kg,以及其他可能严重影响公路完好、安全、畅通情形的,还应当提交记录载货时车货总体外廓尺寸信息的轮廓图和护送方案。护送方案应当包含护送车辆配置方案、护送人员配备方案、护送路线情况说明、护送操作细则、异常情况处理等相关内容。

3. 本案例第3问考查的是事故的直接责任者和领导责任者。驾驶员李某因操作不当和应急处置能力不足,承担事故主要直接责任。物流公司法定代表人、实际管理人王某因未履行安全生产管理职责、违规组织超限运输、安全管理体系失效,承担事故主要领导责任。

【案例三】

【答案】

1. 车辆在进入弯道行驶时要注意以下事项:

(1)进入弯道前,观察路标与道路状况,明确弯型、路面、视野及坡度,做到心中有数;远近兼顾,避免错过转弯时机或突发情况。

(2)通过弯道时应该减速、鸣号、靠右行,注意内轮差和转弯宽度,不能紧急制动和猛打方向。

(3)"控制车速"和"慢进快出"。

2. 属于重大事故隐患,其治理方案应当包括以下内容:

(1)治理的目标和任务。

(2)采取的方法和措施。

(3)经费和物资的落实。

(4)负责治理的机构和人员。

(5)治理的时限和要求。

(6)安全措施和应急预案。

3. 监控人员配备:道路旅客运输企业、道路危险货物运输企业和拥有50辆及以上重型载货汽车或牵引车的道路货物运输企业应当配备专职监控人员。专职监控人员配置原则上按照监控平台每接入100辆车设1人的标准配备,最低不少于2人。

监控人员职责:监控人员应当实时分析、处理车辆行驶动态信息,及时提醒驾驶员纠正超速行驶、疲劳驾驶等违法行为,并记录存档至动态监控台账;对经提醒仍然继续违法驾驶的驾驶员,应当及时向企业安全管理机构报告。

4. 车辆落水后,驾驶员要保持冷静,按步骤应急逃生:

(1)落水瞬间别急于解安全带,也不用关窗、打急救电话,避免浪费逃生时间。

(2)车子没完全下沉时,赶紧解开安全带,优先开车门或车窗让大家疏散;外面水压大打不开的话,就用应急锤或拔下头枕,砸撬侧窗。

(3)车子完全下沉后,尽量想办法开门或砸破窗户,全力组织乘客逃生。

【命题点与拓展】

1. 本案例第1问考查的是车辆在进入弯道行驶时要注意的事项。车辆在进入弯道之前要注意观察,看清路标和道路状况,弄清是单个弯道还是连续弯、路面的宽度和视野,以及是平路还是坡道等情况,做到"心中有数"。处理情况要做到"远近兼顾",避免错过转弯时机和突然情况的发生。通过弯道时应该减速、鸣号、靠右行,注意内轮差和转弯宽度,不能紧急制动和猛打方向。车辆在转弯时,会产生离心力,车辆速度越快,所产生的离心力将越大,导致前后车轮上的载荷重新分配。假如车速过快,大力制动时,将进一步加重4个车轮的不平衡性,会发生轮胎爆胎,甚至侧滑或翻车事故。车辆在转弯时,最好按照"慢进快出"的原则控制车速:进入弯道前完成降低档位和减缓速度的操作,将车速控制在不需要弯道中大力制动的程度;在弯道出口,如车头已经对准出弯方向,而且转向盘已经回正时,则可加速驶出弯道。

2. 本案例第2问考查的是重大事故隐患的判断和重大事故隐患治理方案的内容。使用报废、擅自改装、拼装、检验检测不合格(含未在有效期内)以及其他不符合国家规定的车辆装备、设施设备等从事经营活动的,应当判定为重大事故隐患。对于重大事故隐

7. 根据《道路运输从业人员管理规定》，下列道路货物运输驾驶员的不安全情形中，由发证机关撤销从业资格证件的是（ ）

A. 身体健康状况不符合有关机动车驾驶和相关从业要求

B. 发生较大以上交通事故，且负主要责任的

C. 发现重大事故隐患，不立即采取消除措施，继续作业的

D. 超越从业资格证件核定范围，从事道路危险货物运输活动的

8. 根据《道路旅客运输企业安全管理规范》，客运企业主要负责人和安全生产管理人员应当在从事道路旅客运输安全生产相关工作（ ）个月内完成安全考核工作。

A. 1　　B. 3

C. 6　　D. 8

9. 根据《易制毒化学品管理条例》，对许可运输第二类易制毒化学品的，发给（ ）有效的运输许可证。

A. 永久　　B. 一次

C. 3 个月　　D. 6 个月

10. 根据《道路运输车辆技术管理规定》，危险货物运输车辆自首次经国家机动车辆注册登记主管部门登记注册超过 120 个月的，其综合性能检测和技术等级评定周期为（ ）

A. 每 4 个月进行 1 次检测和评定　　B. 每 6 个月进行 1 次检测和评定

C. 每 12 个月进行 1 次检测和评定　　D. 每 24 个月进行 1 次检测和评定

11. 按车站位置和特点分类，在公路与城市道路沿线为客运车辆设立的旅客上落点的汽车客运站属于（ ）

A. 招呼站　　B. 便携站

C. 旅游站　　D. 枢纽站

12. 结合事故可能危及人员的数量、影响范围及单位处置层级等因素可综合划定本单位综合应急预案响应级别。其中，事故后果超出基层单位处置能力，需要本单位采取应急响应行动方可处置的响应级别是（ ）

A. Ⅰ级　　B. Ⅱ级

C. Ⅲ级　　D. Ⅳ级

13. 根据《道路客货运输驾驶员行车操作规范》，高速公路上发生事故需要进行人员疏散的，可将人员疏散到来车方向距车辆（ ）m 以外的护栏外侧的安全区域。

A. 30　　B. 50

C. 70　　D. 100

14. 车辆维修是为恢复汽车各部分规定的技术状况和工作能力所进行的作业总称。根据《道路运输车辆技术管理规定》，下列不属于车辆维护制度原则的是（ ）

A. 择优选配　　B. 周期维护

C. 视情修理　　D. 定期更新

15. 安全生产费用是指企业按照规定标准提取在成本中列支，专门用于完善和改进企业或者项目安全生产条件的资金。根据《企业安全生产费用提取和使用管理办法》，下列支出不得使用安全生产费用的是 ( )

A. 道路运输设施设备安全状况检测及维护系统支出

B. 安装车辆卫星定位装置支出

C. 安全生产培训支出

D. 更换、维修运输车辆轮胎支出

16. 根据《汽车客运站安全生产规范》，关于客运站相关人员教育培训的说法，错误的是 ( )

A. 安全生产教育培训应当有记录并建档保存，保存期限不少于 24 个月

B. 汽车客运站主要负责人和安全生产管理人员初次安全生产教育培训时间不少于 24 学时

C. 汽车客运站接收实习学生的，应当将实习学生纳入本单位从业人员统一进行安全生产教育培训

D. 汽车客运站经营者可自主开展从业人员的安全生产教育培训，也可委托对外开展安全生产教育培训业务的机构或者其他汽车客运站开展

17. 根据《危险货物道路运输规则 第 7 部分：运输条件及作业要求》，一辆载货量 7 t 的运输危险货物的车辆，配置便携式灭火器符合规定的是 ( )

A. 配置 1 个容量为 4 kg 的灭火器
B. 配置 2 个容量为 2 kg 的灭火器
C. 配置 3 个容量为 3 kg 的灭火器
D. 配置 4 个容量为 4 kg 的灭火器

18. 关于道路运输车辆维修作业要求的说法，正确的是 ( )

A. 日常维护由车辆驾驶员和道路运输企业在每日出车前和收车后进行

B. 汽车一级维护、二级维护周期的确定应以保养时间间隔为基本依据

C. 一级维护以清洁、补给和安全性能检视为中心内容

D. 不具备一级维护作业能力的道路运输企业，可以委托具备相应资质的汽车维修企业进行一级维护

19. 危险货物运输常压罐体车辆的紧急切断装置中，核心功能部件是 ( )

A. 安全泄放装置
B. 控制系统
C. 紧急切断阀
D. 易熔塞自动切断装置

20. 道路路面的标线按功能主要分为( )三种。

A. 指示标线、禁止标线、警告标线
B. 纵向标线、横向标线、禁止标线
C. 纵向标线、指示标线、警告标线
D. 连续标线、横向标线、禁止标线

得 分	评卷人

二、案例分析题【共 4 题，共 80 分。其中第一题为客观题(包括单选题和多选题)，第二、三、四题为主观题。单选题每题的备选项中只有 1 个最符合题意。多选题每题的备选项中有 2 个或 2 个以上符合题意，至少有 1 个错项；错选，本题不得分；少选，所选的每个选项得 0.5 分】

【案例一】

某年 9 月 10 日，货运驾驶员张某从 A 市运输 10.33 t 氰化钠发往 B 市。当车行驶到 A 市

2. 结合本案例,简述雨天行车的正确操作。

3. 货运企业应配备专职的监控人员对道路运输车辆进行动态监控。结合本案例,简述监控人员的主要职责。

4. 结合本案例,简述苯起火后的灭火方法。

5. 发生危险化学品泄漏事故后,有关地方人民政府及其有关部门为减少事故损失,防止事故蔓延、扩大,应采取哪些必要措施?

【案例四】

某日10时7分,某长途卧铺客车从某交运集团客运二分公司停车场出发前往C省D市。车辆发车前报班时,车上只有驾驶员孙某、邹某和实际管理者李某3人,且驾驶员邹某提供的《客运班车驾驶员即时驾驶证明》显示不是本车驾驶员,不符合单程80 km以上线路配备3名驾驶员的公司规定。因此,汽车站报班员要求车辆完备相关手续后再报班。但是,该车此后并未按照公司规定采取相关措施,也未再报班就直接出发了。

10时17分,驾驶员孙某将车开到位于当地火车站北100 m处装载10箱偶氮二异庚腈和其他乘车人员。车辆行驶过程中,在沿途多地装卸货物。当日23时27分,该客车行驶至途中某村庄路段时,车辆转向失灵导致车辆失控撞坏高速隔离护栏,随后客车起火燃烧。该事故造成41人死亡、6人受伤,客车严重烧毁,直接经济损失2 342.06万元。

调查发现:驾驶员孙某在事发前多日未充分休息,睡眠严重不足,身体过度疲劳影响安全驾驶,在车辆转向失灵后未及时采取有效措施,造成车辆失控,与高速公路中央护栏发生碰撞后,导致车辆油箱破损、燃油泄漏。

根据以上场景,回答下列问题(共26分):

1. 长途卧铺客车在载客期间装载偶氮二异庚腈等货物的做法是否可行?客运行李的堆放应符合哪些规定?

2. 结合本案例,简述营运客车出站检查的主要内容。

3. 根据《生产安全事故报告和调查处理条例》,简述背景中事故上报的一般流程。

4. 结合本案例,简述车辆在高速行驶中,遇到车辆转向失灵时的应急处置措施。

答案精析

一、单项选择题

1. C 【精析】《道路交通事故处理程序规定》第三条规定,道路交通事故分为财产损失事故、伤人事故和死亡事故。财产损失事故是指造成财产损失,尚未造成人员伤亡的道路交通事故。伤人事故是指造成人员受伤,尚未造成人员死亡的道路交通事故。死亡事故是指造成人员死亡的道路交通事故。

2. A 【精析】《道路交通安全法》第九十一条规定,饮酒后驾驶机动车的,处暂扣6个月机动车驾驶证,并处1 000元以上2 000以下罚款。因饮酒后驾驶机动车被处罚,再次饮酒后驾驶机动车的,处10日以下拘留,并处1 000元以上2 000以下罚款,吊销机动车驾驶证。醉酒驾驶机动车的,由公安机关交通管理部门约束至酒醒,吊销机动车驾驶证,依法追究刑事责任;5年内不得重新取得机动车驾驶证。饮酒后驾驶营运机动车的,处15日拘留,并处5 000元罚款,吊销机动车驾驶证,5年内不得重新取得机动车驾驶证。醉酒驾驶营运机动车的,由公安机关交通管理部门约束至酒醒,吊销机动车驾驶证,依法追究刑事责任;10年内不得重新取得机动车驾驶证,重新取得机动车驾驶证后,不得驾驶营运机动车。饮酒后或者醉酒驾驶机动车发生重大交通事故,构成犯罪的,依法追究刑事责任,并由公安机关交通管理部门吊销机动车驾驶证,终生不得重新取得机动车驾驶证。

3. D 【精析】高速公路大型车车道宽度为3.75 m。八车道及以上公路在内侧车道(内侧第1,2车道)仅限小客车通行时,其车道宽度可采用3.5 m。

4. D 【精析】道路运输风险管控措施包括技术控制、行为控制和管理控制。行为控制是指通过控制人为失误,来减轻人的不正确行为带来的道路运输风险。选项A属于技术控制,选项B,C属于管理控制。

5. B 【精析】驾驶员存在下列情况之一的,客运企业不得聘用其驾驶客运车辆:(1)无有效的、适用的机动车驾驶证和从业资格证件,以及被列入黑名单的。(2)36个月内发生道路交通事故致人死亡且负同等以上责任的。(3)最近3个完整记分周期内有1个记分周期交通违法记满12分的。(4)36个月内有酒后驾驶、超员20%以上、超速50%(高速公路超速20%)以上或12个月内有3次以上公安机关交通管理部门记录超速违法行为的。(5)有吸食、注射毒品行为记录,或者长期服用依赖性精神药品成瘾尚未戒除的,以及发现其他职业禁忌的。(6)已经取得驾驶证,但身体条件变化,有器质性心脏病、癫痫病、美尼尔氏症、眩晕症、癔病、震颤麻痹、精神病、痴呆以及影响肢体活动的神经系统疾病等妨碍安全驾驶疾病的。

6. D 【精析】根据《营运客车安全技术条件》,转向轴最大设计轴荷大于4 000 kg时,应装有转向助力装置。营运客车所有车轮应安装盘式制动器。车长大于9 m的营运客车应装备缓速装置,其性能应满足相关规定。故选项A,B,C错误。

7. C 【精析】《道路运输从业人员管理规定》第四十八条规定,道路运输从业人员有下列不具备安全条件情形之一的,由发证机关撤销其从业资格证件:(1)经营性道路客货运输驾驶员、道路危险货物运输从业人员身体健康状况不符合有关机动车驾驶和相关从业要求且没有主动申请注销从业资格的。(2)经营性道路客货运输驾驶员、道路危险货物运输驾驶员发生重大以上交通事故,且负主要责任的。(3)发现重大事故隐患,不立即采取消除措施,继续作业的。被撤销的从业资格证件应当由发证机关公告作废并登记归档。

8. C 【精析】客运企业主要负责人和安全生产管理人员应当具备与本企业所从事的道路旅客运输生产经营活动相适应的安全生产知识和管理能力,并按规定经交通运输主管部门对其安全生产知识和管理能力考核合格。客运企业主要负责人和安全生产管理人员应当在从事道路旅客运输安全生产相关工作6个月内完成安全考核工作。

9. C 【精析】《易制毒化学品管理条例》第二十二条规定,对许可运输第一类易制毒化学品的,发给一次有效的运输许可证。对许可运输第二类易制毒化学品的,发给3个月有效的运输许可证;6个月内运输安全状况良好的,发给12个月有效的运输许可证。易制毒化学品运输许可证应当载明拟运输的易制毒化学品的品种、数量、运入地、货主及收货人、承运人情况以及运输许可证种类。

10. B 【精析】《道路运输车辆技术管理规定》第二十一条规定,道路运输经营者应当自道路运输车辆首次取得道路运输证当月起,按照下列周期和频次进行检验检测和技术等级评定:(1)客车自首次经国家机动车登记主管部门注册登记不满60个月的,每12个月进行1次检验检测和技术等级评定;超过60个月的,每6个月进行1次检验检测和技术等级评定。(2)其他道路运输车辆自首次经国家机动车登记主管部门注册登记不满120个月的,每12个月进行1次检验检测和技术等级评定;超过120个月的,每6个月进行1次检验检测和技术等级评定。

【命题点与拓展】

1. 本案例第1问考查的是生产安全事故的等级划分。《生产安全事故报告和调查处理条例》第三条规定,根据生产安全事故(以下简称事故)造成的人员伤亡或者直接经济损失,事故一般分为以下等级:(1)特别重大事故,是指造成30人以上死亡,或者100人以上重伤(包括急性工业中毒,下同),或者1亿元以上直接经济损失的事故。(2)重大事故,是指造成10人以上30人以下死亡,或者50人以上100人以下重伤,或者5 000万元以上1亿元以下直接经济损失的事故。(3)较大事故,是指造成3人以上10人以下死亡,或者10人以上50人以下重伤,或者1 000万元以上5 000万元以下直接经济损失的事故。(4)一般事故,是指造成3人以下死亡,或者10人以下重伤,或者1 000万元以下直接经济损失的事故。上述所称的"以上"包括本数,所称的"以下"不包括本数。

2. 本案例第2问考查的是事故发生的原因分析。该事故的直接原因是肇事车辆非法改装且不符合安全行驶要求;存在超载运输和装载捆绑不符合规定;肇事者未按交通标志提示采用低挡低速行驶,而是超速行驶和频繁使用制动器,使制动失灵至失效,并且驾驶人临危处置不当,从发现制动失灵至事故发生行驶经过几处避险车道均未驶入避险,也未采取报警求助等其他应急处置措施。该事故的间接原因是该物流有限责任公司安全管理工作流于形式,对挂靠车辆长期挂而不管,安全管理相关规定不落实,导致肇事车辆超载运输,装载捆绑不符合规定,致使事故伤亡和损失扩大;相关部门履行日常监管职责不到位,对运输企业未认真履行安全生产主体责任的问题执法不严,对企业存在的安全隐患和问题督促整改不力,履职尽责不到位,对非法改装车辆审验数据审核把关不严。

3. 本案例第3问考查的是车辆制动失效时的应急处置措施。车辆制动失效时,驾驶员应冷静应对,想办法减速停车,并告知其他交通参与者,具体的应急处置措施详见答案。

4. 本案例第4问考查的是驾驶员继续教育的形式。道路运输驾驶员继续教育周期为2年。道路运输驾驶员在每个周期接受继续教育的时间累计应不少于24学时。道路运输驾驶员继续教育以接受道路运输企业组织并经县级以上道路运输管理机构备案的培训为主。不具备条件的运输企业和个体运输驾驶员的继续教育工作,由其他继续教育机构承担。继续教育还包括以下形式:经许可的道路运输驾驶员从业资格培训机构组织的继续教育;交通运输部或省级交通运输主管部门备案的网络远程继续教育;经省级道路运输管理机构认定的其他继续教育形式。

【案例三】

【答案】

1. 不合理。

雨天行驶存在的不安全因素有:

(1)视线受影响,无法清晰观察路况。

(2)雨天常伴有雷电、大风。

(3)路面湿滑、泥泞,车辆易发生侧滑。

(4)使车辆制动距离延长。

(5)水网地区路面积水反光,视线受影响等。

2. 雨天行车,应按以下要求操作:

(1)应按照要求正确使用车辆灯光。

(2)应按照要求适当降低行驶速度,加大跟车距离。

(3)根据雨量大小使用刮水器挡位,使用车内空调清除风窗玻璃和车门玻璃上的水雾。

(4)遇暴雨时,及时选择空旷、安全区域停车,待雨量变小或雨停后再继续行驶。

(5)遇大风时,握稳转向盘,保持低速行驶,在避让障碍物或转弯时缓转转向盘,轻踩制动踏板;若感觉车辆行驶方向受大风影响时,立即选择空旷、安全区域停车。

(6)遇连续下雨或久旱暴雨时,不应靠近路侧行驶。

(7)遇积水路段,先观察和判断积水的深度、流速等情况,确认安全后,低速平稳通过;通过积水路段后,轻踩制动踏板;遇路段积水严重时,选择其他安全路线行驶。

3. 监控人员的主要职责有:实时分析、处理车辆行驶动态信息,及时提醒驾驶员纠正超速行驶、疲劳驾驶等违法行为,并记录存档至动态监控台账;对经提醒仍然继续违法驾驶的驾驶员,应当及时向企业安全管理机构报告。

4. 苯的灭火方法有:

(1)用喷水的方法冷却容器,并尽可能将容器从火场移至空旷处。采用泡沫、干粉、二氧化碳、砂土等灭火剂。不得用水灭火。

(2)如果处在火场中的容器已变色或从安全泄压装置中产生声音,必须马上撤离。

5. 发生危险化学品泄漏事故后,有关地方人民政府及其有关部门应当按照下列规定,采取必要的应急处置措施,减少事故损失,防止事故蔓延、扩大:

(1)立即组织营救和救治受害人员,疏散、撤离或者采取其他措施保护危害区域内的其他人员。

(2)迅速控制危害源,测定危险化学品的性质、事故的危害区域及危害程度。

(3)针对事故对人体、动植物、土壤、水源、大气造成的现实危害和可能产生的危害,迅速采取封闭、隔离、洗消等措施。

(4)对危险化学品事故造成的环境污染和生态破坏状况进行监测、评估,并采取相应的环境污染治理和生态修复措施。

【命题点与拓展】

1. 本案例第1问考查的是雨天环境下的行车安全。《道路交通安全法》第四十二条规定,夜间行驶或者在容易发生危险的路段行驶,以及遇有沙尘、冰雹、雨、雪、雾、结冰等气象条件时,应当降低行驶速度。雨天行驶存在的不安全因素详见答案。

2. 本案例第2问考查的是雨天行车的正确操作。雨天属于恶劣气象条件。恶劣气象条件下的安全行驶操作要求如下:(1)在雾、雨、雪、沙尘、冰雹等低能见度气象条件下行驶时,应按照以下要求正确使用车辆灯光:①开启近光灯、示廓灯。②能见度小于200 m时,同时开启雾灯和前后位灯。③能见度小于100 m时,同时开启雾灯、前后位灯和危险报警闪光灯。(2)在雾、雨、雪、沙尘、冰雹等恶劣气象条件下行驶时,应按照要求适当降低行驶速度,加大跟车距离。(3)雨天行车时,除满足(1)和(2)规定的操作要求外,还应按照以下要求操作:①根据雨量大小使用刮水器挡位,使用车内空调清除风窗玻璃和车门玻璃上的水雾。②遇暴雨时,及时选择空旷、安全区域停车,待雨量变小或雨停后再继续行驶。③遇大风时,握稳转向盘,保持低速行驶,在避让障碍物或转弯时缓转转向盘,轻踩制动踏板;若感觉车辆行驶方向受大风影响时,立即选择空旷、安全区域停车。④遇连续下雨或久旱暴雨时,不应靠近路侧行驶。⑤遇积水路段,先观察和判断积水的深度、流速等情况,确认安全后,低速平稳通过;通过积水路段后,轻踩制动踏板;遇路段积水严重时,选择其他安全路线行驶。

3. 本案例第3问考查的是货运企业专职的监控人员的安全职责。《道路运输车辆动态监督管理办法》第二十五条规定,监控人员应当实时分析、处理车辆行驶动态信息,及时提醒驾驶员纠正超速行驶、疲劳驾驶等违法行为,并记录存档至动态监控台账;对经提醒仍然继续违法驾驶的驾驶员,应当及时向企业安全管理机构报告,安全管理机构应当立即采取措施制止;对拒不执行制止措施仍然继续违法驾驶的,道路运输企业应当及时报告公安机关交通管理部门,并在事后解聘驾驶员。动态监控数据应当至少保存6个月,违法驾驶信息及处理情况应当至少保存3年。对存在交通违法信息的驾驶员,道路运输企业在事后应当及时给予处理。

4. 本案例第4问考查的是苯起火后的灭火方法。苯高度易燃,蒸气与空气能形成爆炸性混合物,遇明火、高热能引起燃烧爆炸。蒸气比空气重,能在较低处扩散到相当远的地方,遇火源会着火回燃和爆炸。苯的灭火方法:喷水冷却容器,尽可能将容器从火场移至空旷处。处在火场中的容器若已变色或从安全泄压装置中产生声音,必须马上撤离。灭火剂:泡沫、干粉、二氧化碳、砂土。用水灭火无效。苯泄漏的应急处置:消除所有点火源。根据液体流动和蒸气扩散的影响区域划定警戒区,无关人员从侧风、上风向撤离至安全区。建议应急处理人员戴正压自给式空气呼吸器,穿防毒、防静电服。作业时使用的所有设备应接地。禁止接触或跨越泄漏物。尽可能切断泄漏源。防止泄漏物进入水体、下水道、地下室或密闭性空间。小量泄漏:用砂土或其他不燃材料吸收。使用洁净的无火花工具收集吸收材料。大量泄漏:构筑围堤或挖坑收容。用泡沫覆盖,减少蒸发。喷水雾能减少蒸发,但不能降低泄漏物在受限制空间内的易燃性。用防爆泵转移至槽车或专用收集器内。作为一项紧急预防措施,泄漏隔离距离至少为50 m。如果为大量泄漏,下风向的初始疏散距离应至少为300 m。

5. 本案例第5问考查的是危险物品泄漏的应急处置。发生危险化学品泄漏事故,事故单位主要负责人应当立即按照本单位危险化学品应急预案组织救援,并向当地应急管理部门和生态环境、公安、卫生主管部门报告;道路运输、水路运输过程中发生危险化学品事故的,驾驶人员、船员或者押运人员还应当向事故发生地交通主管部门报告。发生危险化学品事故,有关地方人民政府应当立即组织应急管理、生态环境、公安、卫生、交通运输等有关部门,按照本地区危险化学品事故应急预案组织实施救援,不得拖延、推诿。有关地方人民政府及其有关部门应当按照规定,采取必要的应急处置措施,减少事故损失,防止事故蔓延、扩大。

【案例四】

【答案】

1. 不可行。

行李堆放区和乘客区要隔离,不得在行李堆放区内载客,客运班车行李舱载货应当执行《客运班车行李舱载货运输规范》相关规定。

2. 营运客车出站检查主要包括以下内容:

(1)检查出站营运客车报班手续是否完备,确保营运客车出站前机动车行驶证、道路运输证、客运标志牌、"营运客车安全例行检查合格通知单"等单证经客运站查验合格。

(2)核验每一名当班驾驶员持有的从业资格证、机动车驾驶证,确保受检驾驶员与报班的驾驶员一致。

(3)清点营运客车载客人数,确保营运客车不超载出站。如发现营运客车有超载行为,应当立即制止,并采取相应措施安排旅客改乘。

7. 下列属于驾驶员驾驶机动车应及时降低车速，行驶速度不超过 30 km/h 的情形是 ( )

A. 夜间行驶时

B. 遇雾、雨、雪天气时

C. 在冰雪或沙土的道路上行驶时

D. 牵引发生故障的机动车时

8. 根据《道路运输条例》，擅自改装已取得车辆营运证的车辆的，可以进行的处罚是 ( )

A. 由县级以上道路运输管理机构责令改正，处 1 000 元以上 5 000 元以下的罚款

B. 由县级以上道路运输管理机构责令改正，处 3 000 元以上 1 万元以下的罚款

C. 由县级以上道路运输管理机构责令改正，处 5 000 元以上 2 万元以下的罚款

D. 由县级以上道路运输管理机构责令改正，处 3 万元以上 10 万元以下的罚款

9. 关于大件运输车辆行驶要求的说法，错误的是 ( )

A. 采取有效措施固定货物，按照有关要求在车辆上悬挂明显标志，保证运输安全

B. 按照指定的时间、路线和速度行驶

C. 车货总质量超限的车辆通行公路桥梁，应当匀速居右行驶，减少在桥上制动、变速或者停驶

D. 通行采取加固、改造措施的公路设施，承运人应当提前通知该公路设施的养护管理单位，由其加强现场管理和指导

10. 根据《道路旅客运输企业安全管理规范》，定线通勤包车可根据合同进行定期审核，使用定期(月、季、年)包车客运标志牌，最长不得超过(　　)个月。

A. 3

B. 6

C. 9

D. 12

11. 根据《烟花爆竹安全管理条例》，《烟花爆竹道路运输许可证》应当载明的内容不包括 ( )

A. 托运人

B. 押运人员

C. 一次性运输有效期限

D. 经停地点

12. 根据《关于做好道路运输承运人责任保险工作的通知》，第三者责任保险部分的限额，运输第 1 ~ 8 类危险货物的车辆，每车每次事故责任限额不低于(　　)万元。

A. 40

B. 50

C. 80

D. 100

13. 关于营运客车安全例行检查的说法，错误的是 ( )

A. 单程运营里程在 800 公里(含)以上的客运班车和往返运营时间在 24 小时(含)以上的客运班车，实行每个单程检查一次

B. 汽车客运站经营者应当建立健全安全例行检查台账并妥善保存，保存期限不少于 1 个月

C. 安全例行检查场所应具备防风、防雨、防晒及良好的采光、照明和通风等条件，并设有“安全例检”文字标志和“5 km/h”限速标志

D. 安全例行检查场所地沟的长度应不小于营运客车最大允许长度的 1.1 倍，宽度不小于 0.65 m，深度不小于 1.3 m

14. 在驾校训练过程中，关于驾驶训练安全防范要求的说法，错误的是 （ ）

A. 教练员在教学过程中不得擅离职守，必须随车教学

B. 进入训练场限速 15 km/h，场地内禁止超车、并行、逆行等

C. 场地训练速度不得超过 20 km/h

D. 路训时车速不得超过 50 km/h，严禁在路口、繁华路段、超市、水果、冷饮摊前停车换人

15. 下列不属于道路客运联网售票系统主要业务的是 （ ）

A. 数据交换管理　　B. 业务管理

C. 售票服务　　D. 支付安全监测

16. 应急预案编制步骤中，事故风险评估接下来的步骤是 （ ）

A. 推演论证　　B. 资料收集

C. 应急资源调查　　D. 应急预案编制

17. 汽车罐车、铁路罐车和罐式集装箱的定期检验分为年度检验和全面检验。汽车罐车首次全面检验应于投用后（ ）进行。

A. 6 个月　　B. 1 年

C. 3 年　　D. 5 年

18. 通过视频分析技术，驾驶人驾驶行为分析装置应实现的功能是 （ ）

A. 判断驾驶人是否生理疲劳，准确度大于或等于 95%

B. 判断驾驶人是否生理疲劳，准确度大于或等于 90%

C. 判断车辆是否按规定车道行驶，准确度大于或等于 98%

D. 判断车辆是否按规定车道行驶，准确度大于或等于 95%

19. 关于道路运输企业的安全教育培训的说法，正确的是 （ ）

A. 企业主要负责人必须经安全教育培训合格并取得资格证书，且每年接受再培训的时间不得少于 20 学时

B. 安全生产管理人员必须经安全教育培训合格并取得资格证书，且每年接受再培训的时间不得少于 12 学时

C. 新上岗的从业人员，岗前培训时间不得少于 12 学时

D. 从业人员必须经安全教育培训合格并取得资格证书，且每年接受再培训的时间不得少于 12 学时

20. 关于焊接设备安全操作要求的说法，正确的是 （ ）

A. 焊接设备应有完整的保护外壳，一、二次接线柱处应有安全保护罩，一次线一般不超过 5 m，二次线一般不超过 30 m

B. 长期停用的焊接设备，使用时须检查其绝缘电阻值不得低于 0.15 MΩ

【案例四】

某速运企业为了加强和规范应急救援预案编制工作，委托某咨询机构负责编制应急救援预案，编制完成后，提交到该企业。

2022年4月10日，该企业派两名驾驶员轮流驾驶货车对外运送一批化学品，在途经一个十字路口时，直行过程中卷入一辆左拐的电动车，直接导致电动车车主死亡，驾驶员立即上报该企业领导。第二日，该企业领导向县级以上人民政府相关部门报告该起事故。

根据以上场景，回答下列问题(共26分)：

1. 该企业委托某咨询机构负责编制应急救援预案，其应急预案编制工作组的人员有哪些？
2. 该企业领导第二日向相关政府部门报告事故是否合理，说明理由。
3. 简述该企业申报应急预案备案时应提交的材料。
4. 应急预案应定期进行评估。简述应急预案应及时修订并归档的情况。

答案精析

一、单项选择题

1. D 【精析】根据《机动车运行安全技术条件》，汽车、汽车列车在规定的初速度下急踩制动时充分发出的平均减速度及制动稳定性要求应符合规定，且制动协调时间对液压制动的汽车应小于或等于0.35 s，对气压制动的汽车应小于或等于0.60 s，对汽车列车、铰接客车和铰接式无轨电车应小于或等于0.80 s。

2. C 【精析】承载式车体指承载式车身的汽车没有刚性车架，只是加强了车头，侧围，车尾，底板等部位，发动机、前后悬架、传动系的一部分等总成部件装配在车身上设计要求的位置，车身负载通过悬架装置传给车轮。这种承载式车身除了其固有的承载功能外，还要直接承受各种负荷力的作用。承载式车身具有质量小、高度低、装配容易等优点，因此大部分的轿车都采用这种车身结构。选项A，B属于非承载式车身的特点；选项D属于半承载式车身的特点。

3. B 【精析】交通安全设施是指用来标明公路边缘及线型，诱导驾驶员视线，防止车辆驶出路外，保护行人安全，以及起隔音、遮光等作用的安全设施，主要包括交通标志、交通标线、护栏和栏杆、视线诱导设施、隔离栅、防落网、防眩设施、避险车道、其他交通安全设施(防风栅与防雪栅、积雪标杆、限高架、减速丘、凸面镜、其他设施)。

4. C 【精析】驾驶员常见职业病有下列类型：(1)脊椎病。驾驶员脊椎病的发生率很高，包括脊椎增生、肥大、变形等。脊椎病的主要表现为颈部、肩部、背部、腰部和肢体疼痛、麻木等。(2)颈椎病、腰痛。长期从事驾驶、长时间连续驾驶或不标准驾驶操作极易诱发该疾病。(3)肩周炎。(4)胃病。长期不合理、不规律的饮食习惯，容易诱发消化系统疾病。胃病是驾驶员常见的职业病之一。常见为消化不良、胃部疼痛，严重者会引起胃肠大出血。胃病发作时，绞疼感易使驾驶员分散注意力，影响行车平安。(5)振动病。(6)泌尿系统疾病。此外，驾驶员还可能出现视力疲劳、耳聋等疾病。

5. D 【精析】《道路旅客运输企业安全管理规范》第二十二条规定，客运企业应在客运驾驶员接受安全教育培训后，对客运驾驶员教育培训的效果进行统一考核。客运驾驶员安全教育培训考核的有关资料应纳入客运驾驶员教育培训档案。客运驾驶员教育培训档案的内容应包括：培训内容、培训时间、培训地点、授课人、参加培训人员签名、考核人员和安全管理人员签名、培训考试情况等。档案保存期限不少于36个月。

6. B 【精析】车长大于9 m的营运客车，应至少配置2个安全顶窗。故选项A错误。车长大于9 m的营运客车，左右两侧应至少各配置2个外推式应急窗。故选项C错误。未配置内外开启式尾门的营运客车后围，应配置1个外推式应急窗或击碎玻璃式应急窗。故选项D错误。

7. D 【精析】遇有下列情形之一的，及时降低车速，行驶速度不超过30 km/h：进出非机动车道，通过铁路道口、急弯路、窄路和窄桥时；掉头、转弯、下陡坡时；遇雾、雨、雪、沙尘、冰雹，能见度在50 m以内时；在冰雪、泥泞的道路上行驶时；牵引发生故障的机动车时。

8. C 【精析】《道路运输条例》第六十九条规定，违反本条例的规定，客运经营者、货运经营者不按规定维护和检测运输车辆的，由县级以上地方人民政府交通运输主管部门责令改正，处1 000元以上5 000元以下的罚款。违反本条例的规定，客运经营者、货运经营者擅自改装已取得车辆营运证的车辆的，由县级以上地方人民政府交通运输主管部门责令改正，处5 000元以上2万元以下的罚款。

(2)对意外和突发事故能及时采取相应对策和应变协调。

(3)较强的口头和文字表达能力。

(4)较强的内外事务沟通能力。

(5)较强的组织领导能力。

4.(1)加强职业健康安全培训教育。

(2)加强员工对有害货物的熟悉程度,提升安全意识。

【命题点与拓展】

1.本案例第1问考查的是货运场站的设施设备。《特种设备安全监察条例》第二条规定,本条例所称特种设备是指涉及生命安全、危险性较大的锅炉、压力容器(含气瓶,下同)、压力管道、电梯、起重机械、客运索道、大型游乐设施和场(厂)内专用机动车辆。可判定案例中特种设备类型有气瓶类:CO_2 气体钢瓶、氮气钢瓶;电梯类:普通电梯;场(厂)内专用机动车辆:巷道堆垛机、叉车;起重机械类:集装箱龙门吊和集装箱正面吊,数量见案例材料。

2.本案例第2问考查的是货运场站设备设施安全管理。需根据作业类别选用个体防护装备,针对存在物体坠落、撞击作业,需要配备的防护用品为:(1)安全帽。(2)防砸鞋(靴)。(3)防刺穿鞋。(4)安全网。针对吸入性气相毒物作业,需要配备的防护用品为:(1)防毒面具。(2)防化学品手套。(3)化学品防护服。

3.本案例第3问考查的是货运场站安全生产管理基本要求。根据货运站场安全生产管理规定,安全生产管理人员应有3年以上的基层工作经历,熟悉基层安全管理和车辆技术管理工作,高中以上学历,经培训考核合格后方可上岗。要能够有效地解决具体问题和作出正确的决策。应具备的能力具体包括:(1)正确分析、判断和处理安全管理中多种问题的能力。(2)对意外和突发事故能及时采取相应对策和应变协调。(3)较强的口头和文字表达能力。(4)较强的内外事务沟通能力。(5)较强的组织领导能力。

4.本案例第4问考查的是货运场站作业人员不安全行为及预防措施。对于装卸员来说,不安全行为及预防措施有:(1)未佩戴安全防护措施,导致中毒或受到伤害。预防措施为加强职业健康安全培训教育;加强员工对有害货物的熟悉程度,提升安全意识。(2)操作不当导致货物泄漏。预防措施为加强安全场站规程的培训;建立安全操作制度,要求员工严格遵守。(3)未静电连接导致起火。预防措施为加强安全培训教育,严格遵守各项规章制度;加强安全教育,普及技术措施。(4)货物固定不牢或无牢固措施发生货物倾倒泄漏。预防措施为对货物进行固定,确保固定牢靠。(5)货物密封不符合要求发生泄漏。预防措施为加强安全教育,严格遵守各项规章制度;驾车前严格检查车辆;对货物进行固定,确保封口严密。(6)操作不当导致货物标志标识脱落。预防措施为加强安全教育,要求员工严格遵守各项规章制度;对货物进行发车前安全检查,标志不全的货物严禁发车。

【案例三】

【答案】

1.自有营运客车50辆以上,其中中高级客车15辆以上;或者自有高级营运客车20辆以上。

2.不合理。理由:可临时调用车辆技术等级不低于二级的营运客车加班。

3.(1)车辆违法违章记录。

(2)车辆技术等级评定情况。

(3)车辆类型等级评定情况。

(4)按照规定安装、使用符合标准的具有行驶记录功能的卫星定位装置情况。

(5)客运经营者为客运车辆投保承运人责任险情况。

4.车门应急开关、安全顶窗、安全锤、灭火器、停车楔、警告牌。

【命题点与拓展】

1.本案例第1问考查的是申请从事道路客运经营应当具备的条件。《道路旅客运输及客运站管理规定》第十一条第一款规定,申请从事道路客运经营的,应有与其经营业务相适应并经检测合格的客车:(1)客车技术要求应当符合《道路运输车辆技术管理规定》有关规定。(2)客车类型等级要求:从事一类、二类客运班线和包车客运的客车，其类型等级应当达到中级以上。(3)客车数量要求：①经营一类客运班线的班车客运经营者应当自有营运客车100辆以上，其中高级客车30辆以上；或者自有高级营运客车40辆以上。②经营二类客运班线的班车客运经营者应当自有营运客车50辆以上，其中中高级客车15辆以上；或者自有高级营运客车20辆以上。③经营三类客运班线的班车客运经营者应当自有营运客车10辆以上。④经营四类客运班线的班车客运经营者应当自有营运客车1辆以上。⑤经营省际包车客运的经营者，应当自有中高级营运客车20辆以上。⑥经营省内包车客运的经营者，应当自有营运客车10辆以上。根据案例背景，该客运站属于二类客运班线，故符合客车数量要求的第②类。

2. 本案例第2问考查的是《道路旅客运输及客运站管理规定》相关内容。《道路旅客运输及客运站管理规定》第三十六条规定，在重大活动、节假日、春运期间、旅游旺季等特殊时段或者发生突发事件，客运经营者不能满足运力需求的，道路运输管理机构可以临时调用车辆技术等级不低于二级的营运客车和社会非营运客车开行包车或者加班车。非营运客车凭县级以上道路运输管理机构开具的证明运行。第三十七条规定，客运班车应当按照许可的起讫地、日发班次下限和备案的途经路线运行，在起讫地客运站点和中途停靠地客运站点(以下统称配客站点)上下旅客。客运班车不得在规定的配客站点外上客或者沿途揽客，无正当理由不得改变途经路线。客运班车在遵守道路交通安全、城市管理相关法规的前提下，可以在起讫地、中途停靠地所在的城市市区、县城城区沿途下客。重大活动期间，客运班车应当按照相关道路运输管理机构指定的配客站点上下旅客。

3. 本案例第3问考查的是《道路旅客运输及客运站管理规定》相关内容。《道路旅客运输及客运站管理规定》第八十三条规定，交通运输主管部门应当每年对客运车辆进行一次审验。审验内容包括：(1)车辆违法违章记录。(2)车辆技术等级评定情况。(3)车辆类型等级评定情况。(4)按照规定安装、使用符合标准的具有行驶记录功能的卫星定位装置情况。(5)客运经营者为客运车辆投保承运人责任险情况。审验符合要求的，交通运输主管部门在《道路运输证》中注明；不符合要求的，应当责令限期改正或者办理变更手续。

4. 本案例第4问考查的是汽车客运站旅客及车辆安全管理。安全设施包括：(1)车门应急开关(检视动力启闭车门的车内应急开关，应急开关的标识及护罩、手柄、固定件等机件应齐全、完好)。(2)安全顶窗(检视安全顶窗，安全顶窗开启装置的护罩、手柄、固定件等机件应齐全、完好)。(3)安全锤(检视封闭式营运客车的应急窗，应配备安全锤并在规定的位置放置)。(4)灭火器(目视检查灭火器，应随车配备，压力值处于正常范围内，驾驶员座椅旁应放置1具，且安放稳固并便于取用)。(5)停车楔(检视停车楔，应随车配备，数量不少于2只)。(6)警告牌(检视三角警告牌，应随车配备并妥善放置)。

【案例四】

【答案】

1. 单位主要负责人(或分管安全生产工作的领导)为组长，相关部门人员和相关救援队伍以及周边相关企业、单位或社区代表参加。

2. 不合理。理由：应当于1 h内向事故发生地县级以上人民政府应急管理部门和负有安全生产监督管理职责的有关部门报告。

3. (1)应急预案备案申报表。

(2)应急预案评审意见。

(3)应急预案电子文档。

(4)风险评估结果和应急资源调查清单。

4. (1)依据的法律、法规、规章、标准及上位预案中的有关规定发生重大变化的。

(2)应急指挥机构及其职责发生调整的。

(3)安全生产面临的风险发生重大变化的。

(4)重要应急资源发生重大变化的。

(5)在应急演练和事故应急救援中发现需要修订预案的重大问题的。

(6)编制单位认为应当修订的其他情况。

8. 道路运输单位应当设置 （ ）

A. 安全生产管理机构和配备专职安全生产管理人员

B. 安全生产管理机构和配备兼职安全生产管理人员

C. 安全生产管理机构或者配备专职安全生产管理人员

D. 安全生产管理机构或者配备兼职安全生产管理人员

9. 下列情形中,不需要由发证机关注销道路运输从业人员的从业资格证件的是 （ ）

A. 持证人死亡的

B. 持证人申请注销的

C. 经营性道路客货运输驾驶员、道路危险货物运输从业人员年龄超过 60 周岁的

D. 超过从业资格证件有效期 90 日未申请换证的

10. 根据道路运输驾驶员违反诚信考核指标的情况,一次计分的分值分别为 （ ）

A. 15 分、10 分、5 分、3 分、1 分 B. 15 分、10 分、5 分、2 分、1 分

C. 20 分、10 分、5 分、3 分、1 分 D. 20 分、10 分、5 分、2 分、1 分

11. 拥有（ ）辆（含）以上营运车辆的普通货物运输企业应设置专门的车辆技术管理机构,配备技术负责人和车辆技术管理人员。

A. 20 B. 30

C. 40 D. 50

12. 按规定可以不设置车辆尾部标志板的是 （ ）

A. 总质量为 12 000 kg 的货车

B. 车长为 7.0 m 的挂车

C. 最大设计车速为 40 km/h 的汽车

D. 最大设计车速为 40 km/h 的挂车

13. 下列不属于常规车用燃料的是 （ ）

A. 天然气 B. 甲醇

C. 气体氢 D. 二甲醚

14. 下列选项中,属于开车前可以使用的药物的是 （ ）

A. 镇静剂 B. 安眠药

C. 链霉素 D. 吗丁啉

15. 制动性最基本的评价指标是 （ ）

A. 制动效能 B. 制动协调时间

C. 路面附着系数 D. 制动器的结构型式

16. 注意是驾驶员的心理状态之一。常见的注意类型不包括 （ ）

A. 有意注意 B. 无意注意

C. 有意后注意 D. 无意后注意

17. 关于货车驾驶员在事故现场采取的安全防范措施的说法，错误的是 （ ）

A. 一般道路上，危险警告标志摆放在来车方向距事故车辆 50 ~ 100 m 以外的位置

B. 高速公路上，危险警告标志摆放在来车方向距事故车辆 250 m 以外的位置

C. 若车辆的危险报警闪光灯仍有效，立即开启

D. 在夜间，若车辆的示廓灯和前后位灯仍有效，立即同时开启

18. 汽车客运站经营者应当对进出汽车客运站的人员和行李物品、车辆进行严格检查，确保“三不进站”和“六不出站”。下列不属于“三不进站”的是 （ ）

A. 危险品不进站　　B. 未购车票不进站

C. 无关人员不进站　　D. 无关车辆不进站

19. 道路运输车辆动态监督管理的原则不包括 （ ）

A. 政府监管　　B. 公安监督

C. 企业监控　　D. 联网联控

20. 根据《汽车客运站级别划分和建设要求》，汽车客运便携车站非必须配备的设施是 （ ）

A. 停车场(库)　　B. 候车厅(室)

C. 无障碍设施　　D. 车辆维修处

得　分	评卷人

二、案例分析题【共 4 题，共 80 分。其中第一题为客观题(包括单选题和多选题)，第二、三、四题为主观题。单选题每题的备选项中只有 1 个最符合题意。多选题每题的备选项中有 2 个或 2 个以上符合题意，至少有 1 个错项；错选，本题不得分；少选，所选的每个选项得 0.5 分】

【案例一】

2021 年 3 月 14 日 14 时 58 分，某道路危险货物运输公司需要向省外运送一批危险化学品，按照《危险货物分类和品名编号》对该化学品进行了包装，运输前，相关人员制定了危险货物道路运输作业查验、记录制度，告知了驾驶人员在高速道路和其他道路上的限速要求。在运输过程中，与一辆小汽车相撞，发生泄漏。事故当场造成 7 人中毒死亡、3 人重伤，重伤者经 7 天抢救无效死亡，21 人轻伤，直接经济损失 2 873.8 万元。

根据以上场景，回答下列问题(共 10 分，每题 2 分，1 ~ 2 题为单选题，3 ~ 5 题为多选题)：

1. 下列属于危险货物道路的运输原则的是 （ ）

A. 统一领导　　B. 分类管理

C. 便利输送　　D. 综合治理

E. 分级负责

2. 根据《生产安全事故报告和调查处理条例》，该起事故属于 （ ）

A. 轻微事故　　B. 一般事故

C. 较大事故　　D. 重大事故

E. 特别重大事故

【案例四】

与其他运输方式比较，道路运输的特点是具有灵活性，尤其是高速公路建设，信息网络、通信技术以及计算机技术等的发展，又实现着快速性“门—门”运输和被称为零库存的运输特点，促使着道路运输的快速发展。某速运集团有限公司(具备二级维护作业能力)拥有货物运输车辆150辆，按照《道路运输车辆技术管理规定》，建立了车辆技术档案，制定了车辆维护制度，该集团公司将车辆的日常维护和二级维护交由驾驶员实施。2020年3月15日，由于业务扩张，该集团公司又购入10辆新的货车，经国家机动车辆注册登记主管部门登记注册，于2022年3月15日委托某汽车综合性能检测机构对购入的10辆货车进行第一次综合性能检测和技术等级评定。

根据以上场景，回答下列问题(共26分)：

1. 简述车辆技术档案的主要内容。

2. 该集团公司将车辆的二级维护交由驾驶员实施合理吗？说明理由。

3. 购入的10辆货车进行第一次综合性能检测和技术等级评定的周期合理吗？说明理由。

4. 简述驾驶员进行日常维护的主要工作。

答案精析

一、单项选择题

1. B 【精析】道路运输的特点:(1)机动灵活、适应性强,可以随时、随地、随量地参与运输。(2)可实现"门到门"的直达运输,这是其他运输方式无法比拟的。(3)道路运输是一种全民皆可利用的运输方式,因此,具有公用开放性。(4)原始投资少,技术要求低。(5)单车运量较小,运输成本较高。(6)与其他运输方式相比,平均运距是最短的,运行持续性较差。(7)由于运输环境比较复杂,准入门槛较低,导致安全性较低,环境污染较大。道路运输安全的特点:(1)道路运输行业风险高。(2)运输企业安全主体责任不落实是运输事故的主要原因。(3)大型货车是导致运输事故的主要车型。(4)"两客一危"车辆是发生群死群伤恶性道路运输事故的主要车型。(5)动态、开放的工作环境增加了道路运输安全的管理难度。

2. D 【精析】道路货物运输经营者的经营义务主要包括:(1)安全运输义务。承运人应在约定期间或者合理期间内,以及约定的或者通常运输路线,将货物安全运输到约定地点。(2)通知收货人收货义务。货物运输到达后,承运人知道收货人信息的,应当及时通知收货人,收货人应当及时提货。收货人逾期提货的,应当向承运人支付保管费等费用。(3)保证货物安全义务。承运人对运输过程中货物的毁损、灭失承担损害赔偿责任,但承运人证明货物的毁损、灭失是因不可抗力、货物本身的自然性质或者合理损耗以及托运人、收货人过错造成的,不承担损害赔偿责任。

3. B 【精析】驾驶员视野分为前方、侧方和后方视野,车辆部分结构遮挡了视线,造成视野盲区。内轮差是指车辆转弯时内前轮转弯半径与内后轮转弯半径之差,一般情况下,小型车辆最大内轮差为0.6~1.0 m;中型车辆最大内轮差为0.9~1.5 m;大型车辆最大内轮差为1.5~2.3 m。故选项B正确。

4. C 【精析】我国高速公路、一级公路和二级公路的道路安全净空都为5 m,三级和四级公路的道路安全净空都为4.5 m。对于城市道路,当机动车道驾驶的车辆类型为各种机动车时,最小净空为4.5 m,当机动车道驾驶的车辆类型为小客车时,道路最小净空为3.5 m。故选项C错误。

5. A 【精析】根据《营运客车安全技术条件》,转向轴最大设计轴荷大于4 000 kg时,应装有转向助力装置。转向时其转向助力功能应连续有效,且转向助力装置失效时仍应具有转向盘控制车辆的能力。

6. A 【精析】根据《营运客车安全技术条件》,营运客车应装备单燃油箱,且单燃油箱的额定容量应小于或等于260 L,并满足如下要求:(1)燃油箱应固定牢靠,其安装位置应使其在车辆前、后碰撞事故中受到车身结构的保护;燃油箱任何部位距车辆前端应不小于600 mm(对于发动机后置的营运客车,其燃油箱前端面应位于前轴之后),距车辆后端应不小于300 mm。(2)燃油箱侧面未受到车身纵梁保护的营运客车,应安装侧面防护装置。燃油箱侧面防护装置应能对燃油箱起到可靠的侧面防护作用。

7. C 【精析】根据《道路运输行业行车事故统计报表制度》,道路运输行业行车事故直接原因划分为如下8类:超载;超速;驾驶员操作不当;疲劳驾驶;机械故障;爆胎;公路及设施原因;其他。

8. C 【精析】《安全生产法》第二十四条规定,矿山、金属冶炼、建筑施工、运输单位和危险物品的生产、经营、储存、装卸单位,应当设置安全生产管理机构或者配备专职安全生产管理人员。

9. D 【精析】《道路运输从业人员管理规定》第三十二条规定,道路运输从业人员有下列情形之一的,由发证机关注销其从业资格证件:(1)持证人死亡的。(2)持证人申请注销的。(3)经营性道路客货

准考证号 ________ 姓名 ________ 工作单位 ________

★★★★ 密 封 线 内 不 要 答 题 ★★★★

2025年全国中级注册安全工程师职业资格考试真题

安全生产专业实务
道路运输安全技术

题号	一	二	总分
分数			

得分	评卷人

一、单项选择题(共20题,每题1分。每题的备选项中,只有1个最符合题意)

1. 道路危险货物罐式车辆运输中,下列不属于驾驶员应随车携带的主要证件或文件的是 ( )

A. 安全生产责任保险单

B. 罐体定期检验报告

C. 道路危险货物运输安全卡

D. 驾驶员从业资格证

2. 根据《危险货物道路运输规则》,关于危险货物包装的说法,错误的是 ( )

A. Ⅰ类包装:适用内装高度危险性的物质

B. Ⅱ类包装:适用内装中等危险性的物质

C. Ⅲ类包装:适用内装低度危险性的物质

D. Ⅰ类包装:适用内装最低度危险性的物质

3. 根据《汽车客运站安全生产规范》,汽车客运站经营者应当对进出站的人员和行李物品、车辆进行严格检查,下列不属于"六不出站"检查内容的是 ( )

A. 超载或违规装载营运客车不出站

B. 旅客未系安全带不出站

C. 安全例行检查不合格营运客车不出站

D."行李登记表"未经审核签字不出站

4. 根据《汽车客运站安全生产规范》,汽车客运站安全生产教育培训应当有记录并建档保存,保存期限不少于( )个月。

A. 12

B. 24

C. 36

D. 48

5. 现代网络安全技术中,下列不属于网络安全内涵的是 ( )

A. 防范对网络的攻击、侵入、干扰、破坏和非法使用

B. 网络应处于稳定可靠运行的状态

C. 将所有信息传送给正在进行监控操作的客户端

D. 保障网络数据的完整性、保密性、可用性的能力

19. 客运企业对驾驶员应进行统一培训,安全教育培训应当每月不少于1次,每次不少于(　　)学时。

A. 1　　B. 2

C. 3　　D. 4

20. 车长大于9 m的营运客车右侧应至少配置(　　)个乘客门。

A. 1　　B. 2

C. 3　　D. 4

得　分	评卷人

二、案例分析题【共4题,共80分。其中第一题为客观题(包括单选题和多选题),第二、三、四题为主观题。单选题每题的备选项中只有1个最符合题意。多选题每题的备选项中有2个或2个以上符合题意,至少有1个错项;错选,本题不得分;少选,所选的每个选项得0.5分】

【案例一】

某二级汽车客运站在春节期间因客流量较大,允许社会车辆驶入客运站规定区域接送乘客,由于即将发车,一社会车辆急速驶入客车发车区;因正准备出站的客运车辆存在制动隐患,与社会车辆发生碰撞,造成1人重伤、2人轻伤事故。

调查发现:

(1)该客运站安全生产管理制度不健全。

(2)该客运站未按规定开展主要负责人和安全生产管理人员初次安全生产教育培训。

(3)该客运站上一年度未召开安全生产工作会议。

(4)该客运站分管安全生产的负责人对本单位安全生产工作职责不清楚。

(5)该客运站未严格执行出站客车安全例行检查。

根据以上场景,回答下列问题(共10分,每题2分,1~2题为单选题,3~5题为多选题):

1. 根据《汽车客运站安全生产规范》,汽车客运站主要负责人和安全生产管理人员初次安全生产教育培训时间不少于(　　)学时。

A. 6　　B. 12

C. 18　　D. 24

E. 36

2. 根据《汽车客运站安全生产规范》,汽车客运站经营者应当每(　　)至少召开一次安全生产工作会议。

A. 周　　B. 月

C. 季度　　D. 半年

E. 年

★★★★密封线内不要答题★★★★

3. 案例中，社会车辆驶入发车区，违反了“三不进站”规定，下列不属于“三不进站”范畴的是（　　）

A. 危险品不进站　　B. 无关人员不进站（发车区）

C. 不良宣传品不进站（发车区）　　D. 失信人员不进站

E. 无关车辆不进站（发车区）

4. 根据《汽车客运站安全生产规范》，汽车客运站分管安全生产的负责人对本单位安全生产工作负有的职责包括（　　）

A. 组织或者参与拟订本单位安全生产规章制度、操作规程和生产安全事故应急救援预案

B. 建立健全本单位安全生产责任制，组织制定本单位安全生产规章制度和操作规程

C. 组织开展危险源辨识和评估，督促落实本单位重大危险源的安全管理措施

D. 组织或者参与本单位应急救援演练

E. 保证本单位安全生产投入的有效实施

5. 汽车客运站经营者应当建立营运客车安全例行检查制度，对本客运站始发的营运客车进行安全例行检查（因车辆结构原因需拆卸检查的除外），并采取措施防止未检的营运客车出站运行，采取的措施有（　　）

A. 指定专门的安全例行检查人员，安全例检人员应当熟悉营运客车结构、检查方法和相关技术标准，并经汽车客运站考核合格

B. 设置专门的检查场地，配备必要的设施设备

C. 安全例检人员应当在完成安全例行检查后，填写《营运客车安全例行检查报告单》

D. 对经检查合格的营运客车签发“营运客车安全例行检查合格通知单”，加盖汽车客运站安全例行检查印章

E. “营运客车安全例行检查合格通知单”48 小时内有效

【案例二】

某年 7 月 8 日，某运输企业装有稀硫酸的危险货物运输常压罐式车辆在限速为 60 km/h 的省道上行驶时，因制动系统故障与前方正常行驶的普通货车发生追尾碰撞，造成 2 人死亡、1 人重伤的事故。

调查发现：

(1) 该企业道路运输经营许可范围为：危险货物运输（2 类 1 项、2 类 2 项、3 类）。

(2) 公司注册的营运车辆共 19 辆，其中 10 辆为常压罐式车辆，主要从事汽油、柴油、甲醇运输，其《道路运输证》许可范围为“危险货物运输（3 类）”；另外 9 辆中栏板货车 4 辆、厢式车辆 5 辆，主要从事瓶装二氧化碳（液氧类 3 项）医疗废物、烟花爆竹、锂电池运输，《道路运输证》许可范围为“危险货物运输（2 类 1 项、2 类 2 项）”。

【案例四】

一道路旅客运输企业的包车运输客车，核载37人，实载42人（包括5名儿童），在限速120 km/h的高速公路上行驶，凌晨0点5分在以97 km/h的速度行驶到高速公路有积水的拐弯处时发生侧滑，造成15人死亡，7人受伤。经过调查该客运公司存在以下管理现象：

（1）配备了3名安全管理人员、3名动态监控人员、1名车辆技术管理人员。

（2）客车的技术等级为2级。

（3）客车转向轮胎冠花纹深度为3 mm。

（4）动态监控人员未对车辆行驶情况进行监督。

（5）行车日志记录完整。

根据以上场景，回答下列问题（共26分）：

1. 该车是否存在超员行驶现象？并说明理由。

2. 该车是否存在超速行驶现象？并说明理由。

3. 写出行车日志包含的内容。

4. 车辆发生侧滑的影响因素有哪些？

5. 针对案例当中的问题写出整改防范措施。

密封线内不要答题

答 案 精 析

一、单项选择题

1. A 【精析】道路危险货物运输，驾驶人员应随车携带以下单据和证件：(1)道路运输证、危险货物运单。(2)危险货物道路运输安全卡。(3)危险货物道路运输车组成员从业资格证。(4)法规标准规定的其他单据。罐式车辆还应携带罐体定期检验报告(原件或复印件)。

2. D 【精析】根据物质本身的危险程度，将其分为3个包装类别：(1)包装类别Ⅰ，适用内装高度危险性的物质。(2)包装类别Ⅱ，适用内装中等危险性的物质。(3)包装类别Ⅲ，适用内装低度危险性的物质。

3. D 【精析】汽车客运站经营者应当对进出汽车客运站候车区和发车区的人员和行李物品、车辆进行严格检查，确保"三不进站"和"六不出站"。其中，"六不出站"是指超载或违规装载营运客车不出站、安全例行检查不合格营运客车不出站、旅客未系安全带不出站、驾驶员资格不符合要求不出站、营运客车证件不齐全不出站、"出站登记表"未经审核签字不出站。

4. C 【精析】汽车客运站经营者可自主开展从业人员的安全生产教育培训，也可委托对外开展安全生产教育培训业务的机构或者其他汽车客运站开展。安全生产教育培训应当有记录并建档保存，保存期限不少于36个月。

5. C 【精析】网络安全，是指通过采取必要措施，防范对网络的攻击、侵入、干扰、破坏和非法使用以及意外事故，使网络处于稳定可靠运行的状态，以及保障网络数据的完整性、保密性、可用性的能力。

6. A 【精析】道路运输车辆动态监督管理的车辆类型主要包括用于公路营运的载客汽车、危险货物运输车辆、半挂牵引车以及重型载货汽车(总质量为12 t及以上的普通货运车辆)。

7. B 【精析】生产经营单位的应急预案经评审或者论证后，由本单位主要负责人签署，向本单位从业人员公布，并及时发放到本单位有关部门、岗位和相关应急救援队伍。

8. C 【精析】生产经营单位的主要负责人未履行《安全生产法》规定的安全生产管理职责，导致发生生产安全事故的，由应急管理部门依照下列规定处以罚款：(1)发生一般事故的，处上一年年收入40%的罚款。(2)发生较大事故的，处上一年年收入60%的罚款。(3)发生重大事故的，处上一年年收入80%的罚款。(4)发生特别重大事故的，处上一年年收入100%的罚款。本题中，死亡7人的生产安全事故属于较大事故。故选项C正确。

9. C 【精析】与教学无关的人员不得进入训练场，学员进训练场必须在指定位置休息，不得在训练场内随意走动，以及进行其他体育活动。故选项C错误。

10. D 【精析】道路运输企业和城市客运企业存在下列情形之一的，应当判定为重大事故隐患：(1)未取得经营许可或未按规定进行备案从事经营活动，或超出许可(备案)事项和有效期经营的。(2)使用报废、擅自改装、拼装、检验检测不合格(含未在有效期内)以及其他不符合国家规定的车辆装备、设施设备等从事经营活动的。(3)所属经营性驾驶员和车辆存在长期"三超一疲劳"(超速、超员、超载、疲劳驾驶)且运输过程中未及时提醒纠正、运输行为结束后1个月内未严肃处理，或所属经营性驾驶员存在一次计10分及以上诚信考核计分情形且未严肃处理仍继续安排上岗作业的。(4)经营地或运营线路途经地已发布台风橙色及以上预警，暴雨、暴雪、冰雹、大雾、沙尘暴、大风、道路结冰红色预警，或地质灾害气象风险红色预警等不具备安全通行条件时，未执行政府部门停运指令或企业应急预案要求仍擅自安排运输作业的。(5)按法律法规和规章规定，其他应当判定为重大事故隐患的。机动车维修企业存在上述规定情形或下列情形之一的，应当判定为重大事故隐患：(1)不具备危险货物运输车辆维修经营业务条件仍违规承修危险货物运输车辆的。(2)特种作业人员未按规定持证上岗的。

11. B 【精析】道路旅客运输企业、道路危险货物运输企业和拥有50辆及以上重型载货汽车或牵引车的道路货物运输企业应当配备专职监控人员。专职监控人员配置原则上按照监控平台每接入100辆车设1人的标准配备，最低不少于2人。

12. D 【精析】第二类危险源是指危险源定义中的不安全状态、行为，包括人的不安全行为、物的不安全状态、管理缺陷等，影响约束能量和有害物质屏障失效，从而导致事故发生。管理缺陷是人的不安全行为或物的不安全状态出现的根源。选项A、B、C均属于第一类危险源。

13. B 【精析】干粉灭火器的原理是将燃烧的物质与氧气隔离，而锂电池在短路发热时并不需要氧气。所以新能源车辆发生火灾时使用干粉灭火器灭火，可能会使燃烧车辆的火势越来越大。故选项B错误。

14. A 【精析】普通货物运输企业无需强制投保承运人责任险，仅需根据自身需求自愿投保。故选项B、C错误。道路客运企业、道路危险货物运输位,应当设置安全生产管理机构或者配备专职安全生产管理人员。道路旅客运输企业、道路危险货物运输企业和拥有50辆及以上重型载货汽车或牵引车的道路货物运输企业应当配备专职监控人员。专职监控人员配置原则上按照监控平台每接入100辆车设1人的标准配备,最低不少于2人。监控人员应当掌握国家相关法规和政策,经运输企业培训、考试合格后上岗。道路运输经营者应当自道路运输车辆首次取得道路运输证当月起,按照下列周期和频次进行检验检测和技术等级评定:(1)客车自首次经国家机动车登记主管部门注册登记不满60个月的,每12个月进行1次检验检测和技术等级评定;超过60个月的,每6个月进行1次检验检测和技术等级评定。(2)其他道路运输车辆自首次经国家机动车登记主管部门注册登记不满120个月的,每12个月进行1次检验检测和技术等级评定;超过120个月的,每6个月进行1次检验检测和技术等级评定。

【案例四】

【答案】

1. 该车存在超员行驶现象。理由:该客车核载37人,实载42人(包括5名儿童),符合免票要求的儿童不得超过核载的10%。

2. 该车存在超速行驶现象。理由:高速公路限速120 km/h,该车夜间的行驶速度为97 km/h,超过了日间限速的80%。

3. 行车日志应至少包括的内容如下:

(1)驾驶员姓名。

(2)车辆牌照号。

(3)起讫地点及中途站点。

(4)车辆技术状况检查情况(车辆故障等)。

(5)客运驾驶员停车休息情况。

(6)行车安全事故等。

4. 发生侧滑的影响因素包括:

(1)车辆超载。

(2)车辆超速。

(3)客车转向轮胎冠花纹深度为3 mm,低于3.2 mm,轮胎附着能力下降。

(4)车辆技术等级不够。

(5)转弯时离心力作用。

5. 针对案例当中的问题的整改防范措施如下:

(1)加强驾驶员管理,规范驾驶员行为,严禁超员超速运输。

(2)加强客运车辆管理,将技术等级为二级的客车调整更换为技术等级为一级的客运车辆。

(3)加强车辆行驶系统管理,确保客车转向轮胎冠花纹深度大于等于3.2 mm。

(4)加强动态监控人员管理,落实动态监控人员对车辆行驶情况监督要求。

(5)建立健全企业安全生产责任制。

(6)完善企业安全生产规章制度和操作规程,加强超速超员管理。

(7)加强相关岗位人员培训。

(8)其他相关防范措施。

【命题点与拓展】

1. 本案例第1问考查的是载客汽车超员行驶的判定。机动车载人应当遵守下列规定:(1)公路载客汽车不得超过核定的载客人数,但按照规定免票的儿童除外,在载客人数已满的情况下,按照规定免票的儿童不得超过核定载客人数的10%。(2)载货汽车车厢不得载客。在城市道路上,货运机动车在留有安全位置的情况下,车厢内可以附载临时作业人员1人至5人;载物高度超过车厢栏板时,货物上不得载人。(3)摩托车后座不得乘坐未满12周岁的未成年人,轻便摩托车不得载人。

2. 本案例第2问考查的是载客汽车超速行驶的判定。客运企业在制定运输计划时应当严格遵守通行道路的限速要求,以及客运车辆(9座以上)夜间(22时至次日6时)行驶速度不得超过日间限速80%的要求,不得制定可能导致客运驾驶员为按计划完成运输任务而违反通行道路限速要求的运输计划。客运企业不得要求客运驾驶员超速驾驶客运车辆。企业应主动查处客运驾驶员超速驾驶行为,发现超速驾驶时,应及时采取措施纠正。

3. 本案例第4问考查的是车辆发生侧滑的影响因素。乘用车、挂车轮胎胎冠花纹上的花纹深度应大于或等于1.6 mm,摩托车轮胎胎冠花纹上的花纹深度应大于或等于0.8 mm;其他机动车转向轮的胎冠花纹深度应大于或等于3.2 mm,其余轮胎胎冠花纹深度应大于或等于1.6 mm。车辆发生侧滑时,应按照以下要求进行应急处置,使车辆迅速恢复到正常行驶状态:(1)发生整车侧滑时,按照以下要求操作:①迅速向侧滑的方向小幅转动转向盘,并及时回转转向盘进行调整。②若车辆配备防抱制动装置,立即踩踏制动踏板到底;若车辆未配备防抱制动装置,连续踩踏、放松制动踏板。(2)发生前轮侧滑时,迅速向侧滑的相反方向小幅转动转向盘,并及时回转转向盘进行调整。(3)发生后轮侧滑时,迅速向侧滑的方向小幅转动转向盘,并及时回转转向盘进行调整。(4)遇路面湿滑时,除按上述的要求操作外,还可同时轻踩加速踏板。

★★★★密封线内不要答题★★★★

准考证号____________ 姓名____________ 工作单位____________

★★★★ 密 封 线 内 不 要 答 题 ★★★★

2023 年全国中级注册安全工程师职业资格考试真题

安全生产专业实务
道路运输安全技术

题 号	一	二	总 分
分 数			

得 分	评卷人

一、单项选择题(共 20 题,每题 1 分。每题的备选项中,只有 1 个最符合题意)

1. 根据《道路交通安全法》,某道路普通货物运输企业驾驶员酒后驾驶公司车辆,被交警拦截,经检测每百毫升血液中的酒精含量为 60 mg,对其的处罚应当为 ( )
   A. 暂扣 6 个月机动车驾驶证,并处 1 000 元以上 2 000 元以下罚款
   B. 由公安机关交通管理部门约束至酒醒;吊销机动车驾驶证,依法追究刑事责任;5 年内不得重新取得机动车驾驶证
   C. 处 15 日拘留,并处 5 000 元罚款,吊销机动车驾驶证,5 年内不得重新取得机动车驾驶证
   D. 由公安机关交通管理部门约束至酒醒,吊销机动车驾驶证,依法追究刑事责任;10 年内不得重新取得机动车驾驶证,重新取得机动车驾驶证后,不得驾驶营运机动车
2. 根据统计,较多汽车交通事故是因汽车偏离正常行驶车道引起的。车道偏离预警系统(LDWS)是一种通过报警的方式辅助驾驶员减少汽车因车道偏离而发生交通事故的装置,其组成不包括 ( )
   A. 报警器　　B. 制动踏板
   C. 摄像头　　D. 控制器
3. 根据《汽车客运站级别划分和建设要求》,汽车客运便捷车站非必须配置的设施是 ( )
   A. 停车场(库)　　B. 候车厅(室)
   C. 无障碍设施　　D. 调度室
4. 某货运场站主要从事货物的保管、装卸等业务。该货运场站目前有 1 台叉车,20 个托盘,1 台巷道堆垛机,1 台集装箱龙门吊,1 台集装箱正面吊,本货运场站共有特种设备 ( )
   A. 3 个　　B. 4 个
   C. 23 个　　D. 24 个
5. 根据《道路运输车辆动态监督管理办法》,道路运输企业变更监控平台,在投入使用前应向( )备案。
   A. 原发放《道路运输经营许可证》的道路运输管理机构(交通运输主管部门)
   B. 属地应急管理机构
   C. 第三方监控中心
   D. 承接监控任务的监控平台

20. 某道路运输企业 2017 年 6 月 10 日注册登记了 3 辆客运车辆，按照要求 3 辆客运车辆进行第 6 次检验检测的正确时间是 （ ）

A. 2020 年 6 月 10 日
B. 2022 年 6 月 10 日
C. 2022 年 12 月 10 日
D. 2023 年 12 月 10 日

得 分	评卷人

二、案例分析题【共 4 题，共 80 分。其中第一题为客观题(包括单选题和多选题)，第二、三、四题为主观题。单选题每题的备选项中只有 1 个最符合题意。多选题每题的备选项中有 2 个或 2 个以上符合题意，至少有 1 个错项；错选，本题不得分；少选，所选的每个选项得 0.5 分】

【案例一】

某运输企业在组织游客前往景区游览时，驾驶员高档高速驾驶大型客车行驶至山区一处连续长大下坡路段时，因频繁使用行车制动器导致制动失效，在弯道半径为 20 m 的左转弯路段处车辆失控，由道路右侧冲出路面坠入 32 m 的山崖，造成现场 28 人死亡、15 人受伤的事故。伤者在医院救治过程中，一周后又有 3 人相继死亡。

调查发现：

(1) 该运输企业未取得客运资质。

(2) 事故车辆制动性能严重不良，车辆发动机号与注册登记信息不一致，通过非法手段在车辆检测机构取得车辆检测合格证。

(3) 事故车辆车身不符合技术标准，私自进行了改装。

(4) 按照道路改建工程设计文件，事故路段应设置钢筋混凝土城垛式防撞墙，但施工时未实施，也未通过规定程序进行设计变更。

根据以上场景，回答下列问题(共 10 分，每题 2 分，1 ~ 2 题为单选题，3 ~ 5 题为多选题)：

1. 根据《生产安全事故报告和调查处理条例》，该起事故的等级属于 （ ）

A. 特别重大事故
B. 重大事故
C. 较大事故
D. 一般事故
E. 严重事故

2. 结合本案例，大型客车在连续长大下坡路段行驶时，导致本车制动失效的主要原因是 （ ）

A. 各车轮制动力分配不均匀
B. 道路弯道半径过小
C. 制动器热衰退
D. 道路附着系数过小
E. 车辆载客数量过多

3. 结合本案例，该起事故的直接原因有 （ ）

A. 驾驶员驾驶车辆在连续长大下坡路段高档高速行驶，频繁使用行车制动
B. 事故车辆制动性能严重不良
C. 事发路段未按设计文件设置安全防护设施，造成道路安全防护设施缺失
D. 事故车辆车身不符合技术标准，私自进行了改装
E. 该运输企业利用无道路客运资质的车辆非法从事道路客运经营活动

★ ★ ★ ★ 密 封 线 内 不 要 答 题 ★ ★ ★ ★

4. 结合本案例,在该起事故中,履行监管职责不到位的相关部门有 ( )

A. 市场监督管理 B. 生态环境

C. 交通运输 D. 自然资源

E. 公安交通管理

5. 针对此类事故教训,下列防范和整改措施合理的有 ( )

A. 加强驾驶员安全教育与培训 B. 加强打击车辆非法改装力度

C. 临崖弯道处设置护栏 D. 提升道路路侧生态环境保护

E. 加强机动车安全技术检验工作

【案例二】

某公司以远低于市场价格承运工地水泥墩,驾驶员甲、乙分别驾驶A,B两台重型货运车辆先后驶出场区。A货车总质量为48 t,核定载质量30 t,实际载质量120 t;B货车总质量为49 t,核定载质量35 t,实际载质量175 t。

当两车行驶至某公路上跨桥时,一前一后依次行驶在桥的左侧车道(桥梁为双车道)。当两车通过该桥正上方时,桥面突然侧翻,导致3人死亡,2人受伤,事故直接经济损失850万元,造成重大社会影响。

经调查认定:A公司的驾驶员甲和乙均涉嫌重大责任事故罪。事故桥梁为中心单柱桥墩,设计符合相关标准和规范要求。桥梁施工资料齐全,验收合格。事故发生时桥梁结构处在良好的技术状态。

根据以上场景,回答下列问题(共22分):

1. 结合本案例,计算A车和B车货物超载率。

2. 结合本案例,简述重大责任事故罪定义、主观表现和量刑标准。

3. 结合本案例,简述本起事故应汲取的主要教训。

4. 根据《超限运输车辆行驶公路管理规定》,结合本案例,简述加强货运违法超限运输管理的主要措施。

★ ★ ★ ★ 密 封 线 内 不 要 答 题 ★ ★ ★ ★

答案精析

一、单项选择题

1. C 【精析】根据《车辆驾驶人员血液、呼气酒精含量阈值与检验》,车辆驾驶人员饮酒后驾车血液中的酒精含量阈值为大于等于 20 mg/100 mL、小于 80 mg/100 mL;车辆驾驶人员醉酒后驾车血液中的酒精含量阈值为大于等于80 mg/100 mL。《道路交通安全法》第九十一条规定,饮酒后驾驶机动车的,处暂扣 6 个月机动车驾驶证,并处 1 000 元以上 2 000元以下罚款。因饮酒后驾驶机动车被处罚,再次饮酒后驾驶机动车的,处 10 日以下拘留,并处 1 000元以上 2 000 元以下罚款,吊销机动车驾驶证。醉酒驾驶机动车的,由公安机关交通管理部门约束至酒醒,吊销机动车驾驶证,依法追究刑事责任;5 年内不得重新取得机动车驾驶证。饮酒后驾驶营运机动车的,处 15 日拘留,并处5 000 元罚款,吊销机动车驾驶证,5 年内不得重新取得机动车驾驶证。醉酒驾驶营运机动车的,由公安机关交通管理部门约束至酒醒,吊销机动车驾驶证,依法追究刑事责任;10 年内不得重新取得机动车驾驶证,重新取得机动车驾驶证后,不得驾驶营运机动车。饮酒后或者醉酒驾驶机动车发生重大交通事故,构成犯罪的,依法追究刑事责任,并由公安机关交通管理部门吊销机动车驾驶证,终生不得重新取得机动车驾驶证。

2. B 【精析】车道偏离预警系统(LDWS)是一种在车辆发生偏离时以报警的方式提醒驾驶员,以使驾驶员及时作出反应,辅助驾驶员减少或者避免车道偏离事故的系统。车道偏离预警系统(LDWS)通常由摄像头、显示器、控制器、传感器以及报警提示部件等组成。

3. D 【精析】根据《汽车客运站级别划分和建设要求》,汽车客运便捷车站应配置停车场(库),候车厅(室),盥洗室和旅客厕所,无障碍设施,进、出站检查室。选项 D 属于不作要求的配置设备。

4. B 【精析】《特种设备安全法》第二条规定,本法所称特种设备,是指对人身和财产安全有较大危险性的锅炉、压力容器(含气瓶)、压力管道、电梯、起重机械、客运索道、大型游乐设施、场(厂)内专用机动车辆,以及法律、行政法规规定适用本法的其他特种设备。货运站内一般配备有叉车、巷道堆垛机、集装箱龙门吊、集装箱正面吊等特种设备用于货物装卸作业。

5. A 【精析】《道路运输车辆动态监督管理办法》第九条规定,道路运输企业新建或者变更监控平台,在投入使用前应当向原发放《道路运输经营许可证》的道路运输管理机构备案。

6. D 【精析】《道路运输车辆动态监督管理办法》第二十一条规定,道路旅客运输企业、道路危险货物运输企业和拥有 50 辆及以上重型载货汽车或牵引车的道路货物运输企业应当配备专职监控人员。专职监控人员配置原则上按照监控平台每接入 100 辆车设 1 人的标准配备,最低不少于 2 人。监控人员应当掌握国家相关法规和政策,经运输企业培训、考试合格后上岗。该道路危险货物运输企业有 320 台危险货物运输车辆,应配备的专职监控人员为 4 人。

7. D 【精析】生产经营单位开展生产安全事故风险辨识评估,撰写评估报告,其内容包括但不限于:(1)辨识本单位存在的危险有害因素,确定可能发生的生产安全事故类别。(2)分析各种事故类别发生的可能性、危害后果和影响范围。(3)评估确定相应事故类别的风险等级。(4)依据风险评估结果得出本单位的应急资源需求,与本单位现有内外部应急资源对比,提出本单位内外部应急资源补充建议。

8. C 【精析】《道路交通安全法实施条例》第六十条规定,机动车在道路上发生故障或者发生交通事故,妨碍交通又难以移动的,应当按照规定开启危险报警闪光灯并在车后 50 ~ 100 m 处设置警告标志,夜间还应当同时开启示廓灯和后位灯。

9. A 【精析】根据《汽车维护、检测、诊断技术规范》,进厂检测包括规定的检测项目以及根据驾驶员反映的车辆技术状况确定的检测项目,二级维护规定的进厂检测项目包括故障诊断、行车制动性能、排放三个方面。

10. A 【精析】在用机动车安全检验时,应提供送检机动车有效的机动车交通事故责任强制保险凭证(挂车以及实现电子保单、保险信息联网核查的除外)和机动车行驶证。安全技术检验时应先进行联网查询(车辆事故、违法、安全缺陷召回等信息)、车辆唯一性检查,确认车辆无异常情形后按检验流程开展检验。

11. B 【精析】《道路货物运输及站场管理规定》第二条规定,本规定所称道路货物专用运输,是指使用集装箱、冷藏保鲜设备、罐式容器等专用车辆进行的货物运输。第十五条规定,使用总质量4 500 kg 及以下普通货运车辆从事普通货运经营的,无需按照本规定申请取得《道路运输经营许可证》及《道路运输证》。道路冷藏运输属于道路货物专用运输的范围,所以需要办理《道路运输经营许可证》,车辆需要办理《道路运输证》。

12. B 【精析】企业安全生产管理人员包括企业安全生产主要负责人和安全生产其他负责人。生产经

★★★★密封线内不要答题★★★★

★ ★ ★ ★ 密 封 线 内 不 要 答 题 ★ ★ ★ ★

营单位可以设置专职安全生产分管负责人，协助本单位主要负责人履行安全生产管理职责。"生产经营单位的其他负责人"不仅包括有关领域的分管负责人，如副总经理，财务总监等，还包括专职安全生产分管负责人，如安全生产总监或者分管安全生产工作的副总经理等，具体的安全生产管理职责，应当参考生产经营单位主要负责人的职责以及企业相关制度规定进行界定。故选项B错误。

13. A 【精析】企业或者单位应对新聘用的危险货物道路运输从业人员进行岗前培训和考核。托运人、承运人、收货人、充装人等危险货物运输各参与方聘用的，从事危险货物运输业务的下列人员，在上岗作业前应接受危险货物道路运输专业知识培训：(1)对危险货物进行分类和确定其正式运输名称的人员。(2)对危险货物进行包装作业的人员。(3)对包件贴标记、标志的人员。(4)从事包件货物装卸作业的人员。(5)从事罐车、可移动罐柜及其他散装货物装卸作业的人员。(6)制作托运清单、运输单证的人员。(7)危险货物运输车辆驾驶人员。(8)危险货物运输车辆押运人员。(9)危险货物运输应急处置人员。

14. B 【精析】根据《道路运输驾驶员诚信考核办法》，道路运输驾驶员的诚信考核，应当遵守本办法。本办法所称的道路运输驾驶员，是指经营性道路客货运输驾驶员和道路危险货物运输驾驶员。本办法所称的诚信考核，是指对道路运输驾驶员在道路运输活动中的安全生产、遵守法规和服务质量等情况进行的综合评价。故选项A错误。道路运输驾驶员诚信考核实行计分制，考核周期为12个月，满分为20分，从道路运输驾驶员初次领取从业资格证件之日起计算。故选项C错误。从事道路运输经营活动，发生重大以上道路交通事故，且负同等责任的，诚信考核计分为20分。故选项D错误。

15. A 【精析】根据《道路危险货物运输管理规定》，申请从事道路危险货物运输经营，应有健全的安全生产管理制度：(1)企业主要负责人、安全管理部门负责人、专职安全管理人员安全生产责任制度。(2)从业人员安全生产责任制度。(3)安全生产监督检查制度。(4)安全生产教育培训制度。(5)从业人员、专用车辆、设备及停车场地安全管理制度。(6)应急救援预案制度。(7)安全生产作业规程。(8)安全生产考核与奖惩制度。(9)安全事故报告、统计与处理制度。

16. B 【精析】《危险货物道路运输安全管理办法》第二十三条规定，危险货物承运人应当使用安全技术条件符合国家标准要求且与承运危险货物性质、重量相匹配的车辆、设备进行运输。危险货物承运人使用常压液体危险货物罐式车辆运输危险货物的，应当在罐式车辆罐体的适装介质列表范围内承运；使用移动式压力容器运输危险货物的，应当按照移动式压力容器使用登记证上限定的介质承运。

17. C 【精析】《道路运输从业人员管理规定》第十条规定，经营性道路货物运输驾驶员应当符合下列条件：(1)取得相应的机动车驾驶证。(2)年龄不超过60周岁。(3)掌握相关道路货物运输法规、机动车维修和货物装载保管基本知识。(4)经考试合格，取得相应的从业资格证件。

18. C 【精析】《道路运输车辆动态监督管理办法》第二十五条规定，动态监控数据应当至少保存6个月，违法驾驶信息及处理情况应当至少保存3年。对存在交通违法信息的驾驶员，道路运输企业在事后应当及时给予处理。

19. C 【精析】营运客车应具有不足转向特性而非过度转向特性。故选项A错误。营运客车所有车轮应安装盘式制动器。故选项B错误。车长大于9 m的营运客车应装备缓速装置。故选项D错误。

20. C 【精析】《道路运输车辆技术管理规定》第二十一条规定，道路运输经营者应当自道路运输车辆首次取得道路运输证当月起，按照下列周期和频次进行检验检测和技术等级评定：(1)客车自首次经国家机动车登记主管部门注册登记不满60个月的，每12个月进行1次检验检测和技术等级评定；超过60个月的，每6个月进行1次检验检测和技术等级评定。(2)其他道路运输车辆自首次经国家机动车登记主管部门注册登记不满120个月的，每12个月进行1次检验检测和技术等级评定；超过120个月的，每6个月进行1次检验检测和技术等级评定。根据题干，道路运输企业2017年6月10日注册登记，故第1次至第5次都是每隔12个月进行1次检验检测和技术等级评定(60个月为5年)。第5次检验检测和技术等级评定的时间应是2022年6月10日。第5次检验检测和技术等级评定之后是每6个月进行1次，故第6次检验检测和技术等级评定的时间应是2022年12月10日。

二、案例分析题

【案例一】

1. B 【精析】《生产安全事故报告和调查处理条例》第三条规定，根据生产安全事故(以下简称事故)造成的人员伤亡或者直接经济损失，事故一般分为以下等级：(1)特别重大事故，是指造成30人以上死亡，或者100人以上重伤(包括急性工业中毒，下同)，或者1亿元以上直接经济损失的事故。(2)重大事故，是指造成10人以上30人以下死亡，或者50人以上100人以下重伤，或者5 000万元以上1亿元以下直接经济损失的事故。(3)较大事故，是指造成3人以上10人以下死亡，或者10人以上例行检查技术规范》的要求，对本单位始发的营运客车进行安全例行检查，并采取相应措施防止未检的营运客车（因车辆结构原因需拆卸检查的除外）出站运行。

【案例四】

【答案】

1. 托运人是B服务公司。

存在的主要问题是B服务公司将该运输任务委托C运输公司实施。

2. C运输公司在本次运输中存在的主要问题有：

(1)未制作危险货物道路运输运单。

(2)货物运输车辆使用的登记证介质为液化石油气，实际装载的货物为甲酸甲酯混合液。

(3)货物运输车辆随车携带的灭火器数量不足。

3. 该罐式车辆随车应配备的必要防护用品和应急救援器材有：

(1)便携式灭火器。

(2)个人防护装备，如便携式照明设备、护目镜等。

4. 装载危险货物前"五必查"的主要内容有：

(1)车辆是否具有有效行驶证和营运证。

(2)驾驶人、押运人员是否具有有效资质证件。

(3)运输车辆、罐式车辆罐体、可移动罐柜、罐箱是否在检验合格有效期内。

(4)所充装或者装载的危险货物是否与危险货物运单载明的事项相一致。

(5)所充装的危险货物是否在罐式车辆罐体的适装介质列表范围内，或者满足可移动罐柜导则、罐箱适用代码的要求。

【命题点与拓展】

1. 本案例第1问考查的是委托合同转委托的规定。《民法典》第九百二十二条规定，受托人应当按照委托人的指示处理委托事务。需要变更委托人指示的，应当经委托人同意；因情况紧急，难以和委托人取得联系的，受托人应当妥善处理委托事务，但是事后应当将该情况及时报告委托人。

2. 本案例第2问考查的是危险货物运输的规定。危险货物承运人应当按照交通运输主管部门许可的经营范围承运危险货物。危险货物承运人应当制作危险货物运单，并交由驾驶人随车携带。危险货物道路运输运单应至少包含以下信息：托运人的名称和联系电话；收货人的名称和联系电话；装货人（或充装人）的名称；运输企业名称、许可证号、联系电话；车辆车牌号码、道路运输证号；挂车车牌号码、道路运输证号；罐车（如适用）罐体编号、罐体容积；驾驶员姓名、从业资格证号及联系电话；押运员姓名、从业资格证号及联系电话；危险货物信息；实际发货/装货地址；实际收货/卸货地址；起运日期；是否为城市配送；备注；调度人、调度日期。25 t甲酸甲酯混合液在运输时，应至少配置3个灭火器（适用于发动机或驾驶室的灭火器1个，最小容量为1 kg；额外灭火器2个，最小容量为4 kg）。

3. 本案例第3问考查的是危险货物运输应配备的必要防护用品和应急救援器材。根据《危险货物道路运输规则》，运输单元运载危险货物时，应随车携带便携式灭火器。灭火器应适用于扑救《火灾分类》规定的A,B,C三类火灾。用于个人防护的装备包括以下内容：(1)应根据所运载的危险货物标志式样（包括包件标志、车辆或集装箱标志牌）选择个人防护装备。危险货物标志式样应符合《危险货物道路运输规则第5部分：托运要求》的规定。(2)运输单元应配备以下装备：①每辆车需携带与最大允许总质量和车轮尺寸相匹配的轮挡。②1个三角警示牌。③眼部冲洗液（第1类和第2类除外）。(3)运输单元应为每名车组人员配备以下装备：①反光背心。②便携式照明设备。③合适的防护性手套。④眼部防护装备（如护目镜）。(4)特定类别危险货物还应包括以下附加装备：①对于危险货物危险标志式样为2.3项或6.1项，每位车组人员随车携带一个应急逃生面具。逃生面具的功能需与所装载化学品相匹配（如具备气体或粉尘过滤功能）。②对于危险货物危险标志式样为第3类、4.1项、4.3项、第8类或第9类固体或液体的危险货物，配备1把铲子（对具有第3类、4.1项、4.3项危险性的货物，铲子应具备防爆功能）；一个下水道口封堵器具，如堵漏垫、堵漏袋等。

4. 本案例第4问考查的是装载危险货物前"五必查"的主要内容。装货人应当在充装或者装载货物前实施"五必查"；不符合要求的，不得充装或者装载。充装或者装载剧毒化学品、民用爆炸物品、烟花爆竹、放射性物品或者危险废物时，还应当查验《危险货物道路运输安全管理办法》第十五条规定的单证报告。托运人、承运人、装货人应当制定危险货物道路运输作业查验、记录制度，以及人员安全教育培训、设备管理和岗位操作规程等安全生产管理制度。

★★★★密封线内不要答题★★★★

准考证号＿＿＿＿＿＿ 姓名＿＿＿＿＿＿ 工作单位＿＿＿＿＿＿

★★★★ 密 封 线 内 不 要 答 题 ★★★★

2022年全国中级注册安全工程师职业资格考试真题

安全生产专业实务
道路运输安全技术

题　号	一	二	总　分
分　数			

得　分	评卷人

一、单项选择题（共20题，每题1分。每题的备选项中，只有1个最符合题意）

1. 根据《客车灭火装备配置要求》，随车应配备与车辆类型相适应的灭火器，灭火器应在有效期内，并安装可靠和便于取用。对于长度小于6 m的客车，仅配备一个灭火器时，应设置在（　）

A. 客车行李箱　　B. 客厢后部

C. 客厢中部　　D. 驾驶员座椅附近

2. 根据《关于进一步加强交通运输安全生产体系建设的意见》，下列措施中，不属于完善安全责任体系的是（　）

A. 严格履行安全生产监管责任　　B. 压实企业安全生产主体责任

C. 严肃安全生产追责问责　　D. 加强安全法规制度建设

3. 根据《道路运输行业行车事故统计调查制度》，下列事故原因中，不属于道路运输行业行车事故直接原因的是（　）

A. 车辆超载、超速　　B. 从业资格证未按规定审验

C. 公路及设施原因　　D. 驾驶员疲劳驾驶

4. 某月6日，某道路运输企业发生一起大货车追尾小轿车事故，现场死亡1人、重伤3人；伤者立即送往医院进行抢救，住院期间同月7日死亡1人，15日又死亡1人。该起事故等级应为（　）

A. 一般事故　　B. 较大事故

C. 重大事故　　D. 特大事故

5. 下列指标中，不属于评价汽车制动性指标的是（　）

A. 制动效能　　B. 制动效能的恒定性

C. 制动协调时间　　D. 制动时方向的稳定性

6. 根据《营运客车安全技术条件》，车长大于9 m的营运客车，应至少配置（　）安全顶窗。

A. 1个　　B. 2个

C. 3个　　D. 4个

注意力不集中,造成车辆失控,与高速公路中央护栏发生碰撞后,导致客车行李舱破损、引燃了随车小件托运的丙酮而发生火灾。

(2)据事故客车所属公司和客运站出具的相关资料表明,客运站在车辆例检、报班发车、出站检查等环节把关不严,导致事故客车违规发车运营;且事故客车已达到国家规定的报废标准。

根据以上场景,回答下列问题(共10分,每题2分,1~2题为单选题,3~5题为多选题):

1. 根据《汽车客运站安全生产规范》,客运站例检人员签发的"营运客车安全例行检查合格通知单"有效期是　（　　）

A. 10 小时　　B. 12 小时

C. 24 小时　　D. 36 小时

E. 48 小时

2. 根据《营运客车安全技术条件》,采用气压制动系统的营运客车制动储气筒工作气压应大于或等于　（　　）

A. 500 kPa　　B. 850 kPa

C. 900 kPa　　D. 950 kPa

E. 1 000 kPa

3. 关于营运车辆强制报废的说法,正确的有　（　　）

A. 达到规定使用年限或达到15年的,应当强制报废

B. 连续3年不进行二级维护的,应当强制报废

C. 经修理和调整或者采用控制技术后,向大气排放污染物或者噪声仍不符合国家标准的,应当强制报废

D. 在检验有效期届满后,连续3个检验周期内未取得机动车检验合格标志的,应当强制报废

E. 经修理和调整后,仍不符合国家相关标准的,应当强制报废

4. 结合本案例,关于汽车客运站防止易燃、易爆和易腐蚀等危险品进站上车的主要措施的说法,正确的有　（　　）

A. 制定危险品检查工作程序,规范危险品查堵工作

B. 设立专门的危险品查堵岗位。在进站口等关键环节对进站旅客携带的行李物品和托运行包进行安全检查,对查获的危险品应当进行登记并妥善保管或者按规定处理

C. 危险品查堵岗位工作人员上岗前,应当参加常见危险品识别与处置、安全检查设备使用等相关知识和技能的培训,无需考核

D. 工作人员在岗期间,应当严格遵守岗位工作要求,不得开展与工作无关的活动

E. 汽车客运站经营者受理客运班车行李舱载货运输业务的危险物品,只需登记后可随车托运

5. 根据《汽车客运站安全生产规范》,客运站报班所需单证有　（　　）

A. 营运客车机动车行驶证　　B. 道路运输证

C. 驾驶员安全培训合格证　　D. 营运客车出站登记单

E. 驾驶员机动车驾驶证

★★★★密封线内不要答题★★★★

★ ★ ★ ★ 密 封 线 内 不 要 答 题 ★ ★ ★ ★

【案例二】

某日19时5分,甲驾驶员驾驶重型半挂牵引车装载钢卷(核载质量40 t,实载质量82 t)进入某高速公路,连续行驶至23时30分经过长下坡路段时,因制动失灵造成车辆失控,与一辆重型货车发生碰撞后,又连续与多辆小型客车直接碰撞,事故共造成15人死亡、18人受伤、多辆车严重受损。

调查发现:

(1)肇事车辆带病上路(事发前,甲驾驶员已发现肇事车辆制动有问题,但未及时排除),严重违法超载,且悬架系统进行过非法改装。

(2)驾驶员在车辆失去制动情况下未采取紧急避险措施,且货物装载捆绑固定存在安全隐患,加剧了事故损害后果。

(3)企业对驾驶员安全培训、动态监控不到位。

根据以上场景,回答下列问题(共22分):

1. 结合本案例,简述造成该事故的主要原因(至少列出6个)。
2. 本案例中,重型半挂牵引车在长大下坡路段制动失灵时,甲驾驶员可采取的应急避险措施有哪些(至少列出4个)?
3. 结合本案例,根据交通运输部《交通运输安全生产重大风险清单》,简述重型载货汽车运输风险主要致险情景(至少列出4个)。

【案例三】

2022年8月15日,一辆装载有32.7 t的甲醇罐式半挂牵引车行驶至高速公路某隧道时,被紧随其后的一辆重型普通货车追尾,造成甲醇运输车辆罐体尾部卸料口严重变形,甲醇泄漏并随后发生燃爆,该事故造成2人死亡。

调查发现:

(1)该罐式车辆的检验有效期至2022年4月,《道路运输证》有效期至2022年5月28日,经营范围为第3类易燃液体。

(2)罐检报告显示罐体检验日期为2021年5月28日,有效期至2022年5月28日,罐检结论为"允许使用"。2022年5月25日,企业将该车辆送往某罐检机构进行检验,初检未通过。

(3)企业未在危险货物道路运输电子运单系统中填写该趟次运输任务。

(4)查验罐体相关技术资料、罐检报告和车辆实际情况如下:

①该车罐体设计代码为LGBF,罐体适装介质为汽油、柴油、甲醇、乙醇、二甲苯。

答 案 精 析

一、单项选择题

1. D 【精析】单层单车体 M_2 和 M_3 类客车,车长≤6 m 时,应配置的灭火器数量≥1 具,位置位于驾驶人座椅附近;车长 >6 m 时,应配置的灭火器数量≥2 具,1 具位于驾驶人座椅附近,另 1 具靠近中部或后部。

2. D 【精析】安全责任体系的措施包括:(1)严格履行安全生产监管责任。(2)压实企业安全生产主体责任。(3)严肃安全生产追责问责。

3. B 【精析】《道路运输行业行车事故统计报表制度》将道路运输行业行车事故直接原因划分为如下 8 类:超载;超速;驾驶员操作不当;疲劳驾驶;机械故障;爆胎;公路及设施原因;其他。

4. A 【精析】根据生产安全事故(以下简称事故)造成的人员伤亡或者直接经济损失,事故一般分为以下等级:(1)特别重大事故,是指造成 30 人以上死亡,或者 100 人以上重伤(包括急性工业中毒,下同),或者 1 亿元以上直接经济损失的事故。(2)重大事故,是指造成 10 人以上 30 人以下死亡,或者 50 人以上 100 人以下重伤,或者 5 000 万元以上 1 亿元以下直接经济损失的事故。(3)较大事故,是指造成 3 人以上 10 人以下死亡,或者 10 人以上 50 人以下重伤,或者 1 000 万元以上 5 000 万元以下直接经济损失的事故。(4)一般事故,是指造成 3 人以下死亡,或者 10 人以下重伤,或者 1 000 万元以下直接经济损失的事故。上述所称的"以上"包括本数,所称的"以下"不包括本数。道路交通事故、火灾事故自发生之日起 7 日内,事故造成的伤亡人数发生变化的,应当及时补报。本事故发生 7 日内,共造成 2 人死亡,2 人重伤。因此,该起事故等级应为一般事故。

5. C 【精析】评价汽车制动性的指标有制动效能、制动效能的恒定性、制动时方向的稳定性。制动协调时间是影响制动效能的主要因素之一。

6. B 【精析】车长大于 9 m 的营运客车,应至少配置 2 个安全顶窗;车长大于 7 m 且小于或等于 9 m 的营运客车,应至少配置 1 个安全顶窗。

7. A 【精析】客运企业应当定期召开安全生产工作会议和安全例会。安全生产工作会议至少每季度召开 1 次,研究解决安全生产中的重大问题,安排部署阶段性安全生产工作。安全例会至少每月召开 1 次,通报和布置落实各项安全生产工作。拥有 20 辆以下客运车辆的客运企业,安全生产工作会议可与安全例会一并召开。

8. A 【精析】专职安全生产管理人员配备数量原则上按照以下标准确定:对于 300 辆(含)以下客运车辆的,按照每 50 辆车 1 人的标准配备,最低不少于 1 人;对于 300 辆以上客运车辆的,按照每增加 100 辆增加 1 人的标准配备。该企业有客车 205 辆,应配备 5 名专职安全管理人员。

9. A 【精析】从事机动车维修经营的,应当具备下列条件:(1)有相应的机动车维修场地。(2)有必要的设备、设施和技术人员。(3)有健全的机动车维修管理制度。(4)有必要的环境保护措施。

10. D 【精析】为了保障训练场地内的学员和他人的安全,机动车驾驶训练场地内禁止超车、并行、逆行等。故选项 D 错误。

11. A 【精析】地理信息系统英文全称是 Geographic Information System,缩写为 GIS。

12. C 【精析】车辆上线率是指统计期内,至少向上级平台传输一次合格动态数据的重点营运车辆数占本辖区或本企业(含服务商)处于营运状态且已入网的重点营运车辆数的比率。平台连通率是指统计期内,下级平台与上级平台之间保持正常数据传输的时间总和占统计期间总时长的比率。车辆入网率是指截至某一统计时点,至少向上级平台传输一次合格动态数据的重点营运车辆数占本辖区内或本企业重点营运车辆总数的比率。轨迹完整率是指统计期内,重点营运车辆完整轨迹与本辖区或本企业(含服务商)上线重点营运车辆轨迹的比率。轨迹完整是指轨迹点连续。

13. D 【精析】使用总质量 4 500 kg 及以下普通货运车辆从事普通货运经营的,无需按照规定申请取得《道路运输经营许可证》及《车辆营运证》。

14. C 【精析】道路运输从业人员有下列情形之一的,由发证机关注销其从业资格证件:(1)持证人死亡的。(2)持证人申请注销的。(3)经营性道路客货运输驾驶员、道路危险货物运输从业人员年龄超过 60 周岁的。(4)经营性道路客货运输驾驶员、道路危险货物运输驾驶员的机动车驾驶证被注销或者被吊销的。(5)超过从业资格证件有效期 180 日未申请换证的。

★ ★ ★ ★ 密 封 线 内 不 要 答 题 ★ ★ ★ ★

★ ★ ★ ★ 密 封 线 内 不 要 答 题 ★ ★ ★ ★

15. D 【精析】在没有中心隔离设施或者没有中心线的道路上,夜间会车应当在距相对方向来车 150 m 以外改用近光灯,在窄路、窄桥与非机动车会车时应当使用近光灯。

16. A 【精析】危险废物运输需要到生态环境部门办理危险废物转运联单。通过道路运输剧毒化学品、易制毒化学品、民用爆炸物品、烟花爆竹,均需要到公安机关办理相应的运输许可证。

17. B 【精析】道路运输企业主要负责人指对本单位日常生产经营活动和安全生产工作全面负责、有生产经营决策权的人员,包括企业法定代表人、实际控制人,以及分支机构的法定代表人、实际控制人。道路运输企业安全生产管理人员指企业专(兼)职安全生产管理人员和分管安全生产的负责人。

18. C 【精析】汽车客运站的安全生产管理机构及安全生产管理人员(包括分管安全生产的负责人、专职安全生产管理人员)对本单位安全生产工作负有下列职责:(1)严格执行安全生产的法律、行政法规、规章、政策和标准,参与本单位安全生产决策。(2)拟订本单位安全生产管理制度、操作规程和应急预案,明确各部门、各岗位的安全生产职责,督促贯彻执行。(3)组织或者参与本单位安全生产宣传、教育和培训,并如实记录。(4)拟订本单位安全生产投入计划,组织实施或者监督相关部门实施。(5)组织或者参与本单位应急救援演练。(6)检查本单位的安全生产状况,及时排查生产安全事故隐患,提出改进安全生产管理的建议。(7)制止和纠正违章指挥、强令冒险作业、违反操作规程的行为。(8)督促落实本单位安全生产整改措施。(9)及时、如实向主要负责人报告本单位生产安全事故;组织或者参与本单位生产安全事故的调查处理,承担生产安全事故统计和分析工作。(10)其他安全生产管理工作。选项 C 是企业主要负责人的职责。

19. C 【精析】一、二、三级车站和便捷车站均应设置安全检查设备。一、二级车站应设置安全监控设备,三级车站和便捷车站可视情设置安全监控设备。一、二级车站应设置广播通信设备,三级车站和便捷车站可视情设置广播通信设备。一、二级车站应设置网络售(取)票设备,三级车站可视情设置网络售(取)票设备,对便捷车站是否设置网络售(取)票设备不作要求。

20. C 【精析】网络货运经营者应建立健全适合网络货运经营特点的安全生产责任制度、安全生产业务操作规程、驾驶员和车辆资质登记查验制度、托运人身份查验登记制度等,设立相应的安全生产管理部门或者配备专职安全管理人员。

二、案例分析题

【案例一】

1. C 【精析】"营运客车安全例行检查合格通知单"24 小时内有效。单程运营里程在 800 km(含)以上的客运班车和往返运营时间在 24 小时(含)以上的客运班车,实行每个单程检查一次。

2. E 【精析】气压制动系统应安装保持压缩空气干燥、油水分离装置。采用气压制动系统的营运客车制动储气筒内工作气压应大于或等于 1 000 kPa。

3. ACDE 【精析】已注册机动车有下列情形之一的应当强制报废,其所有人应当将机动车交售给报废机动车回收拆解企业。由报废机动车回收拆解企业按规定进行登记、拆解、销毁等处理,并将报废机动车登记证书、号牌、行驶证交公安机关交通管理部门注销:(1)达到规定使用年限的。(2)经修理和调整仍不符合机动车安全技术国家标准对在用车有关要求的。(3)经修理和调整或者采用控制技术后,向大气排放污染物或者噪声仍不符合国家标准对在用车有关要求的。(4)在检验有效期届满后连续 3 个机动车检验周期内未取得机动车检验合格标志的。大、中型营运载客汽车规定使用年限年限为 15 年。

4. ABD 【精析】危险品查堵岗位工作人员上岗前,应当参加常见危险品识别与处置、安全检查设备使用等相关知识和技能的培训,并经汽车客运站经营者考核合格;在岗期间,应当严格遵守岗位工作要求,不得开展与工作无关的活动。汽车客运站经营者受理客运班车行李舱载货运输业务的,托运物品登记和安全检查要求应当按照《客运班车行李舱载货运输规范》有关规定执行。故选项 C,E 错误。

5. ABE 【精析】汽车客运站经营者在调度营运客车发班时,应当对营运客车机动车行驶证、道路运输证、客运标志牌、"营运客车安全例行检查合格通知单"和驾驶员机动车驾驶证、从业资格证等单证进行检查,确认完备有效后方可准予报班、发班。

【案例二】

【答案】

1. 本案例中,造成该事故的主要原因有:

(1)驾驶员驾驶超载的重型半挂牵引车上路行驶。

员,接驳点待换驾驶员视同出站随车驾驶员。

4. 客运车辆技术档案材料应包括车辆基本信息,机动车检验检测报告(含车辆技术等级),道路运输达标车辆核查记录表,客车类型等级审验、车辆维护和修理(含《机动车维修竣工出厂合格证》)、车辆主要零部件更换、车辆变更、行驶里程、对车辆造成损伤的交通事故等记录。

5. 道路客运企业不得聘用客运驾驶员的情况有:

(1)无有效的、适用的机动车驾驶证和从业资格证件,以及被列入黑名单的。

(2)36个月内发生道路交通事故致人死亡且负同等以上责任的。

(3)最近3个完整记分周期内有1个记分周期交通违法记满12分的。

(4)36个月内有酒后驾驶、超员20%以上、超速50%(高速公路超速20%)以上或12个月内有3次以上公安机关交通管理部门记录超速违法行为的。

(5)有吸食、注射毒品行为记录,或者长期服用依赖性精神药品成瘾尚未戒除的,以及发现其他职业禁忌的。

(6)已经取得驾驶证,但身体条件变化,有器质性心脏病、癫痫病、美尼尔氏症、眩晕症、癔病、震颤麻痹、精神病、痴呆以及影响肢体活动的神经系统疾病等妨碍安全驾驶疾病的。

【命题点与拓展】

1. 本案例第1问考查的是疲劳驾驶的判断。疲劳驾驶是指驾驶人在长时间连续行车后,产生生理机能和心理机能的失调,而在客观上出现驾驶技能下降的现象。客运企业应当建立防止客运驾驶员疲劳驾驶制度,为客运驾驶员创造良好的工作环境,合理安排运输任务,保障客运驾驶员落地休息,防止客运驾驶员疲劳驾驶。客运企业在制定运输计划时应当严格遵守客运驾驶员驾驶时间和休息时间等规定:(1)日间连续驾驶时间不得超过4小时,夜间连续驾驶时间不得超过2小时,每次停车休息时间应不少于20分钟。(2)在24小时内累计驾驶时间不得超过8小时。(3)任意连续7日内累计驾驶时间不得超过44小时,期间有效落地休息。(4)禁止在夜间驾驶客运车辆通行达不到安全通行条件的三级及以下山区公路。(5)长途客运车辆凌晨2时至5时停止运行或实行接驳运输;从事线路固定的机场高铁快线、通勤包车、定制客运以及短途驳载且单程运营里程在200 km以内的客运车辆,在确保安全的前提下,不受凌晨2时至5时通行限制。

2. 本案例第2问考查的是造成事故的直接原因和间接原因分析。《道路运输行业行车事故统计报表制度》将道路运输行业行车事故直接原因划分为如下8类:超载;超速;驾驶员操作不当;疲劳驾驶;机械故障;爆胎;公路及设施原因;其他。间接原因主要是管理方面的原因,包括但不限于客运企业、交通运输主管部门等。

3. 本案例第3问考查的是客运企业长途客运驾驶员配备要求。详见答案。

4. 本案例第4问考查的是客运车辆技术档案材料应包括的内容。客运企业应当建立客运车辆技术档案管理制度。按照规定建立客运车辆技术档案,实行一车一档,实现车辆从购置到退出运输市场的全过程管理。客运车辆转移所有权或者车籍地时,技术档案应当随车移交。客运车辆技术档案内容应当准确、详实,包括车辆基本信息,机动车检验检测报告(含车辆技术等级),道路运输达标车辆核查记录表,客车类型等级审验、车辆维护和修理(含《机动车维修竣工出厂合格证》)、车辆主要零部件更换、车辆变更、行驶里程、对车辆造成损伤的交通事故等记录。

5. 本案例第5问考查的是客运企业不得聘用客运驾驶员的情况。客运企业应当依法建立客运驾驶员聘用制度,可依法探索驾驶员第三方劳务派遣管理制度。统一录用程序和客运驾驶员录用条件,严格审核客运驾驶员从业资格条件、安全行车经历及职业健康检查结果,对实际驾驶技能进行测试。驾驶员存在下列情况之一的,客运企业不得聘用其驾驶客运车辆:(1)无有效的、适用的机动车驾驶证和从业资格证件,以及被列入黑名单的。(2)36个月内发生道路交通事故致人死亡且负同等以上责任的。(3)最近3个完整记分周期内有1个记分周期交通违法记满12分的。(4)36个月内有酒后驾驶、超员20%以上、超速50%(高速公路超速20%)以上或12个月内有3次以上公安机关交通管理部门记录超速违法行为的。(5)有吸食、注射毒品行为记录,或者长期服用依赖性精神药品成瘾尚未戒除的,以及发现其他职业禁忌的。(6)已经取得驾驶证,但身体条件变化,有器质性心脏病、癫痫病、美尼尔氏症、眩晕症、癔病、震颤麻痹、精神病、痴呆以及影响肢体活动的神经系统疾病等妨碍安全驾驶疾病的。

★★★★密封线内不要答题★★★★

准考证号 ______ 姓名 ______ 工作单位 ______

★★★★ 密 封 线 内 不 要 答 题 ★★★★

2021年全国中级注册安全工程师职业资格考试真题

安全生产专业实务
道路运输安全技术

题　号	一	二	总　分
分　数			

(注:加灰色底纹标记的题目,其知识点已不作考查,可略过学习)

得　分	评卷人

一、单项选择题(共20题,每题1分。每题的备选项中,只有1个最符合题意)

1.《安全生产法》规定,生产经营单位依法对本单位的安全生产工作全面负责的是 (　　)

A. 分管生产经营的负责人　　B. 生产经营单位主要负责人

C. 分管安全生产的负责人　　D. 专职安全生产管理人员

2. 根据《道路运输车辆技术管理规定》,从事危险货物运输的车辆,其技术等级应为 (　　)

A. 一级　　B. 二级

C. 三级　　D. 四级

3. 根据《公路水路行业安全生产风险管理暂行办法》,风险等级按照可能导致安全生产事故的后果和概率,等级由高到低依次分为 (　　)

A. 特大、重大、一般和较小　　B. 特大、重大、较大和一般

C. 重大、较大、一般和较小　　D. 特大、重大、较大和较小

4. 根据《道路旅客运输企业安全管理规范》,拥有180辆客运车辆的运输企业,需要配备专职安全管理人员至少为 (　　)

A. 1人　　B. 2人

C. 6人　　D. 9人

5. 根据《道路交通安全法实施条例》,车辆在没有限速标志、标线,且没有施划道路中心线的公路上行驶,最高速度为 (　　)

A. 30 km/h　　B. 40 km/h

C. 50 km/h　　D. 60 km/h

6. 根据《道路旅客运输及客运站管理规定》,开展定制客运的营运客车核定载客人数应当在 (　　)

A. 7人及以上　　B. 6人及以上

C. 5人及以上　　D. 4人及以上

得 分	评卷人

二、案例分析题【共4题,共80分。其中第一题为客观题(包括单选题和多选题),第二、三、四题为主观题。单选题每题的备选项中只有1个最符合题意。多选题每题的备选项中有2个或2个以上符合题意,至少有1个错项;错选,本题不得分;少选,所选的每个选项得0.5分】

【案例一】

某日21时28分,某驾驶人驾驶大型客车(核载38人),由X市汽车客运站出发前往Y市,当大型客车以88 km/h的速度行驶至高速公路某处时,该车右前轮爆胎,导致车辆失控,车身右侧与道路右侧波形梁护栏连续刮擦挤压后,车辆前部又撞到桥梁一侧混凝土护栏端头,坠入水深4 m的河渠内,造成驾驶员及车内乘客26人死亡、4名乘客受伤,车辆、公路设施等损坏。

调查发现:排除客车右前轮轮胎因质量问题导致其爆破。该车发生事故时客货混装,严重超出客车设计总质量(货物超载约120%),加大了大型客车的轴荷,大型客车右前轮轮胎由于其承受较大载荷,并使其下沉量过大致胎压过高爆破。

根据以上场景,回答下列问题(共10分,每题2分,1~2题为单选题,3~5题为多选题):

1. 根据《生产安全事故报告和调查处理条例》,本案例事故等级属于 ( )

A. 轻微事故　B. 一般事故

C. 较大事故　D. 重大事故

E. 特别重大事故

2. 超载是造成本案例事故的主要原因,超载会导致车辆 ( )

A. 制动协调时间增加　B. 制动距离增加

C. 制动距离减少　D. 制动不平衡

E. 驾驶员反应时间增加

3. 本案例事故中,大型客车右前轮轮胎由于承受较大载荷导致爆破。在一般情况下,车辆轮胎爆破的主要原因有 ( )

A. 胎压不足　B. 车速过高

C. 紧急制动　D. 轮胎磨损严重

E. 轮胎被轧破

4. 车辆在高速行驶,如遇到本案例中的前轮爆胎情形时,驾驶人的正确操作有 ( )

A. 双手控制住方向盘　B. 迅速松开加速踏板

C. 立即采取紧急制动　D. 注意协调、反复踩踏制动踏板

E. 向爆胎的另一侧急打方向盘控制行驶方向

5. 为避免本案例中类似事故再次发生,道路运输企业应及时进行隐患排查,道路运输企业隐患排查的方式有 ( )

A. 季节性检查　B. 节假日检查

C. 临时检查　D. 日常检查

E. 管理人员抽查

★★★★密封线内不要答题★★★★

★ ★ ★ ★ 密 封 线 内 不 要 答 题 ★ ★ ★ ★

【案例二】

某年8月10日,驾驶人甲驾驶A重型运输车辆,驶出某港口四号码头大门时,载有钢卷5卷(总质量105 t),比核定载质量超出73 t。当A重型运输车辆行驶至某国道连续6 km长大下坡路段时,车辆行车制动失效,与前方总质量4.3 t B轻型普通货车发生碰撞,两车先后侧翻,滚入路旁侧沟。

调查发现:驾驶人甲从业资格证已持有6年7个月,但未申请进行换证。A重型运输车辆连续8个月未进行二级维护,行车制动系统存在严重隐患,左侧转向轮花纹已经磨平;驾驶人甲擅自切断卫星定位装置电源。

根据以上场景,回答下列问题(共22分):

1. 根据本案例,计算A车的核载质量和超载率。
2. 根据《道路运输从业人员管理规定》,普通货物运输驾驶员从业资格证有效期为几年?本案例中,驾驶人甲的从业资格证是否可以进行换证?为什么?
3. 本案例中的B轻型普通货车是否需要车辆营运证?为什么?
4. 根据《道路运输车辆动态监督管理办法》,道路运输经营者和驾驶人使用卫星定位装置有哪些要求(至少列出3个)?并指出本案例中驾驶人甲有什么违法行为?

答案精析

一、单项选择题

1. B 【精析】生产经营单位的主要负责人是本单位安全生产第一责任人，对本单位的安全生产工作全面负责。其他负责人对职责范围内的安全生产工作负责。

2. A 【精析】从事道路运输经营的车辆（挂车除外）的技术等级应当符合国家有关道路运输车辆技术等级评定的要求，达到二级以上。危货车、国际道路运输车辆以及从事一类和二类客运班线、包车客运的客车，技术等级应当达到一级。

3. C 【精析】风险等级按照可能导致安全生产事故的后果和概率，由高到低依次分为重大、较大、一般和较小四个等级。重大风险是指一定条件下易导致特别重大安全生产事故的风险。较大风险是指一定条件下易导致重大安全生产事故的风险。一般风险是指一定条件下易导致较大安全生产事故的风险。较小风险是指一定条件下易导致一般安全生产事故的风险。以上同时满足两个以上条件的，按最高等级确定风险等级。

4. 无答案 【精析】专职安全生产管理人员配备数量原则上按照以下标准确定：对于300辆（含）以下客运车辆的，按照每50辆车1人的标准配备，最低不少于1人；对于300辆以上客运车辆的，按照每增加100辆增加1人的标准配备。本题中，需要配备的专职安全管理人员至少为180/50≈4（人）。

5. B 【精析】机动车在道路上行驶不得超过限速标志、标线标明的速度。在没有限速标志、标线的道路上，机动车不得超过下列最高行驶速度：(1)没有道路中心线的道路，城市道路为每小时30 km，公路为每小时40 km。(2)同方向只有1条机动车道的道路，城市道路为每小时50 km，公路为每小时70 km。

6. A 【精析】定制客运，是指已经取得道路客运班线经营许可的经营者依托电子商务平台发布道路客运班线起讫地等信息、开展线上售票，按照旅客需求灵活确定发车时间、上下旅客地点并提供运输服务的班车客运运营方式。开展定制客运的营运客车核定载客人数应当在7人及以上。

7. D 【精析】"四不放过"是指事故原因不查清不放过、事故责任者得不到处理不放过、整改措施不落实不放过、教训不吸取不放过。客运企业应当建立生产安全事故责任倒查制度，按照"四不放过"的原则，对相关责任人进行严肃处理。

8. D 【精析】对行驶中的公共交通工具的驾驶人员使用暴力或者抢控驾驶操纵装置，干扰公共交通工具正常行驶，危及公共安全的，处1年以下有期徒刑、拘役或者管制，并处或者单处罚金。《最高人民法院、最高人民检察院关于执行〈中华人民共和国刑法〉确定罪名的补充规定（七）》将上述罪名定为妨害安全驾驶罪。

9. D 【精析】危险货物运输企业、拥有10辆（含）以上营运车辆的道路旅客运输企业和拥有30辆（含）以上营运车辆的普通货物运输企业应设置专门的车辆技术管理机构，配备技术负责人和车辆技术管理人员。拥有10辆以下营运车辆的道路旅客运输企业和拥有30辆以下营运车辆的普通货物运输企业应配备车辆技术管理人员。故选项A、B错误。车辆技术管理人员的配备要求为：道路危险货物运输车辆、道路旅客运输车辆每50辆车应配1人，不足50辆的应至少配1人；道路普通货物运输车辆每100辆车配1人，不足100辆的应至少配1人。故选项C错误，选项D正确。

10. B 【精析】道路运输驾驶员诚信考核实行计分制，考核周期为12个月，满分为20分，从道路运输驾驶员初次领取从业资格证件之日起计算。一个考核周期届满，经确定诚信考核等级后，该考核周期内的计分予以清除，不转入下一个考核周期。

11. C 【精析】危险货物道路运输安全生产基本特点包括：(1)危险货物道路运输行业风险高。(2)承运货物种类繁多，车型要求复杂多样。(3)事故原因多样，危险货物道路运输市场整体呈现主体数量大、规模小、分布散、集约化程度低（俗称"小散弱"）等特点。(4)危险货物道路运输车辆数量庞大，事故发生率高。(5)开放动态的工作环境使安全管理的难度加大。(6)从业人员综合素质较低，企业安全生产主体责任不落实，往往是事故发生的主要因素。

★★★★密封线内不要答题★★★★

★★★★密封线内不要答题★★★★

12. C 【精析】易燃易爆物品、危险化学品等危险物品的生产、经营、储存、运输单位,矿山、金属冶炼、城市轨道交通运营、建筑施工单位,以及宾馆、商场、娱乐场所、旅游景区等人员密集场所经营单位,应当至少每半年组织1次生产安全事故应急救援预案演练,并将演练情况报送所在地县级以上地方人民政府负有安全生产监督管理职责的部门。故选项C错误。

13. B 【精析】汽车客运站安全生产管理的总体目标是把住汽车客运站安全生产源头关,有效预防和减少因汽车客运站源头管理不到位引发的生产安全事故。

14. C 【精析】交通运输企业安全生产资金投入以上年度实际营业收入为计提依据,按照以下标准平均逐月提取:(1)普通货运业务按照1%提取。(2)客运业务、管道运输、危险品等特殊货运业务按照1.5%提取。本题未涉及特殊货运业务,故按普通货运业务进行安全生产资金提取。

15. B 【精析】车辆维修过程中,常产生的危险废物有废催化剂、含汞废物、涂料废物、废矿物油与含矿物油废物,废有机溶剂和含有机溶剂的废物等。对于维修更换下的废集成电路板、含汞灯泡、三元催化转化装置等,按危险废品进行集中贮存、处置。

16. A 【精析】教练场应有足够的办公、教学和生活用房,应设有卫生、饮水设施及采暖、制冷设备。教练场应设置封闭设施,教练场地与办公、教学和生活等区域之间应有隔离设施,并设有专人看守的通行口。【此知识点已删去】

17. C 【精析】汽车客运站经营者在调度营运客车发班时,应当对营运客车机动车行驶证、道路运输证、客运标志牌、"营运客车安全例行检查合格通知单"和驾驶员机动车驾驶证、从业资格证等单证进行检查,确认完备有效后方可准予报班。

18. A 【精析】生产经营单位应当针对本单位可能发生的生产安全事故的特点和危害,进行风险辨识和评估,制定相应的生产安全事故应急救援预案,并向本单位从业人员公布。易燃易爆物品、危险化学品等危险物品的生产、经营、储存、运输单位,矿山、金属冶炼、城市轨道交通运营、建筑施工单位,以及宾馆、商场、娱乐场所、旅游景区等人员密集场所经营单位,应当将其制定的生产安全事故应急救援预案按照国家有关规定报送县级以上人民政府负有安全生产监督管理职责的部门(如交通运输主管部门)备案,并依法向社会公布。市场监督管理部门并非对道路运输负有安全生产监督管理职责的部门。故选项A错误。

19. D 【精析】从事道路运输经营的车辆(挂车除外)的技术等级应当符合国家有关道路运输车辆技术等级评定的要求,达到二级以上。危货车、国际道路运输车辆以及从事一类和二类客运班线、包车客运的客车,技术等级应当达到一级。故选项D错误。(注:题中《道路车辆外廓尺寸、轴荷及质量限值》现更名为《汽车、挂车及汽车列车外廓尺寸、轴荷及质量限值》,《道路运输车辆综合性能要求和检验方法》现已废止,进而实施最新规范《机动车安全技术检验项目和方法》)

20. A 【精析】使用砂轮机时,工作台面高度应与砂轮中心高度相同或稍微高一点。故选项B错误。严禁两个人同时使用同一块砂轮。故选项C错误。工件采用砂轮机打磨时,应使用砂轮的正面,严禁用砂轮的侧面打磨。故选项D错误。

二、案例分析题

【案例一】

1. D 【精析】根据生产安全事故(以下简称事故)造成的人员伤亡或者直接经济损失,事故一般分为以下等级:(1)特别重大事故,是指造成30人以上死亡,或者100人以上重伤(包括急性工业中毒,下同),或者1亿元以上直接经济损失的事故。(2)重大事故,是指造成10人以上30人以下死亡,或者50人以上100人以下重伤,或者5 000万元以上1亿元以下直接经济损失的事故。(3)较大事故,是指造成3人以上10人以下死亡,或者10人以上50人以下重伤,或者1 000万元以上5 000万元以下直接经济损失的事故。(4)一般事故,是指造成3人以下死亡,或者10人以下重伤,或者1 000万元以下直接经济损失的事故。上述所称的"以上"包括本数,所称的"以下"不包括本数。该事故造成26人死亡,故属于重大事故。

2. B 【精析】车辆超载导致的主要后果是制动距离增加,无法快速及时地将车速降下,导致灾难的发生。此外,超载还会对车辆产生以下影响:缩短汽车使用寿命和加速零部件的老化;加速轮胎的磨损和变化;加速发动机损坏;转向沉重,离心力增加,影响汽车的操纵性能;缩短弹簧钢板寿命,减少车辆的通过力等。

(2)未限制超载车辆驶出货运站。

【命题点与拓展】

1. 本案例第1问考查的是旅客运输企业安全生产管理的要求。根据相关规定,班线客车应当严格按照许可的或经备案的线路、班次、站点运行,在规定的停靠站点上下旅客,不得随意站外上客或揽客。对于成立线路公司的道路客运班线或者实行区域经营的客运企业,在确保运输安全的前提下,可自主确定道路客运班线途径站点,报原许可部门备案,并提前向社会公布,方便乘客上下车。客运车辆不得超过核定的载客人数,但按照规定免票的儿童除外,在载客人数已满的情况下,按照规定免票的儿童不得超过核定载客人数的10%。客运车辆不得违反规定载货,行李堆放区和乘客区要隔离,不得在行李堆放区内载客,客运班车行李舱载货应当执行《客运班车行李舱载货运输规范》。此外,车辆管理方面,客运企业应当制定客运车辆安全例行检查操作规程,检查轮胎、制动、转向、悬架、灯光与信号装置、卫星定位装置、视频监控装置、应急设施及装置等内容,及时发现安全隐患并排除。驾驶人行为规范方面,应保证做到不超载、不超速以及遵守相关道路运输规范。在高速公路上行驶的小型载客汽车最高车速不得超过每小时120 km,其他机动车不得超过每小时100 km,摩托车不得超过每小时80 km。

2. 本案例第2问考查的是从事客运站经营应具备的条件。《道路旅客运输及客运站管理规定》第十五条规定,申请从事客运站经营的,应当具备下列条件:(1)客运站经验收合格。(2)有与业务量相适应的专业人员和管理人员。(3)有相应的设备、设施。(4)有健全的业务操作规程和安全管理制度,包括服务规范、安全生产操作规程、车辆发车前例检、安全生产责任制,以及国家规定的危险物品及其他禁止携带的物品查堵、人员和车辆进出站安全管理等安全生产监督检查的制度。

3. 本案例第3问考查的是客运站的安全生产管理要求及"三不进站"的相关内容。《汽车客运站安全生产规范》第八条规定,汽车客运站经营者应当对进出汽车客运站的人员和行李物品、车辆进行严格检查,确保"三不进站"和"六不出站"。"三不进站"是指危险品不进站、无关人员不进站(发车区)、无关车辆不进站。"六不出站"是指超载营运客车不出站、安全例行检查不合格营运客车不出站、旅客未系安全带不出站、驾驶员资格不符合要求不出站、营运客车证件不齐全不出站、"出站登记表"未经审核签字不出站。

4. 本案例第4问考查的是货运站的安全生产管理要求。《道路货物运输及站场管理规定》第三十七条规定,货运站经营者应当依法加强安全管理,完善安全生产条件,健全和落实安全生产责任制。货运站经营者应当对出站车辆进行安全检查,防止超载车辆或者未经安全检查的车辆出站,保证安全生产。第四十六条规定,货运站经营者不得超限、超载配货,不得为无道路运输经营许可证或证照不全者提供服务;不得违反国家有关规定,为运输车辆装卸国家禁运、限运的物品。

★★★★密封线内不要答题★★★★

准考证号________ 姓名________ 工作单位________

★ ★ ★ ★ 密 封 线 内 不 要 答 题 ★ ★ ★ ★

全国中级注册安全工程师职业资格考试命题密卷

安全生产专业实务
道路运输安全技术(一)

题 号	一	二	总 分
分 数			

得 分	评卷人

一、单项选择题(共 20 题,每题 1 分。每题的备选项中,只有 1 个最符合题意)

1. 下列信息中,信息刺激量较小,难以被驾驶员接收的微弱信息是 ( )

A. 凸曲线视线受阻 B. 出口缺少明显标志

C. 前车超速行驶 D. 行人突然横穿

2. 汽车转向系统的功用是保证汽车能按驾驶员的意志而进行转向行驶,从而确保安全。转向系统常见的故障不包括 ( )

A. 发动机异响 B. 转向沉重

C. 转向不灵敏 D. 汽车发飘

3. 下列道路几何平面线形中,不属于缓和曲线的是 ( )

A. 圆曲线形 B. 回旋曲线形

C. 抛物线形 D. 双扭曲线形

4. 下列汽车通过互通立交时的做法中,错误的是 ( )

A. 熟悉互通立交的形式及行车路线

B. 汇入主路前,应将车速降低到 40 km/h 以下

C. 在立交桥上禁止倒车和停车

D. 驶出公路时,应在减速车道降低车速,从匝道驶出公路

5. 根据《道路运输从业人员管理规定》,经营性道路旅客运输驾驶员应当符合的条件不包括 ( )

A. 取得相应的机动车驾驶证 1 年以上

B. 年龄不超过 55 周岁

C. 3 年内无重大以上交通责任事故

D. 经考试合格,取得相应的从业资格证件

得　分	评卷人

二、案例分析题【共4题，共80分。其中第一题为客观题(包括单选题和多选题)，第二、三、四题为主观题。单选题每题的备选项中只有1个最符合题意。多选题每题的备选项中有2个或2个以上符合题意，至少有1个错项；错选，本题不得分；少选，所选的每个选项得0.5分】

【案例一】

H物流有限公司主要从事道路普通货物运输。公司现有33辆重型货车、18辆挂车，所有车辆均持有效证件，营运手续正常。公司主要负责人陈某，取得主要负责人《安全生产知识和管理能力考核合格证》。

2024年4月13日6时16分左右，H物流有限公司一辆运载水泥管桩的重型半挂牵引车途经长下坡路段时，车辆失控撞上路边民房，造成9人死亡、10人受伤，直接经济损失约1 200万元。

肇事车辆情况：车辆类型为重型半挂牵引车，准牵引总质量40 000 kg，2018年出厂。该车《行驶证》检验有效期至2024年11月，《营运证》年审至2024年11月前有效。车辆综合性能检测正常，检测日期为2023年10月，车辆技术等级为一级。该车已安装GPS，且GPS装置运行正常。根据司法鉴定所司法鉴定意见书：该重型半挂牵引车在下坡制动过程中，因制动系统受力不均导致车轮抱死，引发汽车制动侧滑，进而造成车辆失去控制。

事故路段情况：本次交通事故发生路段，属长下坡，连续下坡长度约3.7 km，接转弯(转弯半径200 m)，且有平面交叉口(K0+200)路段。事故点是"Y"型交叉路口，设有交通信号灯控制，水泥路面，国道104线路宽19 m，设有中央隔离金属护栏，并划有车道分界线；国道104线旧路路宽7 m，交叉处设有导流岛，路口处均划有人行横道线。事故路段为下长坡坡底弯道路段，弯道曲线半径为200 m，坡度为2.77%，设有"限速40 km/h"标志，路面干燥，视线良好。

根据以上场景，回答下列问题(共10分，每题2分，1～2题为单选题，3～5题为多选题)：

1. 根据《道路运输车辆技术管理规定》，该肇事车辆正常情况下，下次检验检测的时间为（　　）

A. 2024年1月
B. 2024年4月
C. 2024年6月
D. 2024年10月
E. 2024年11月

2. 根据《道路运输企业车辆技术管理规范》，H物流有限公司应配备(　　)名车辆技术管理人员。

A. 1
B. 2
C. 3
D. 4
E. 5

★★★★密封线内不要答题★★★★

3. 制动过程中，汽车某一轴或两轴发生横向移动的现象称为制动侧滑。汽车制动侧滑的影响因素主要有 ( )

A. 路面附着系数
B. 最高车速
C. 制动时车轮的抱死及抱死顺序
D. 车辆受到的横向力
E. 车辆荷载及荷载转移

4. 根据《道路运输企业主要负责人和安全生产管理人员安全考核管理办法》，关于负责人陈某取得的《安全生产知识和管理能力考核合格证》的说法，正确的有 ( )

A. 陈某应当在从事道路运输安全生产相关工作 6 个月内完成安全考核工作
B. 陈某不存在未履行法定安全生产管理职责受到行政处罚的情形，安全考核合格证明有效期应当予以延期 3 年
C. 陈某安全考核合格证明有效期为 3 年
D. 在道路运输领域有效注册的注册安全工程师，向属地市级交通运输主管部门报备后，视同安全考核合格，相关信息应当及时录入安全考核管理平台
E. 安全考核合格证明有效期到期后 1 个月内，陈某应当通过安全考核管理平台向属地交通运输主管部门提出延期申请

5. 根据《机动车运行安全技术条件》，关于货运车辆安全技术条件的说法，正确的有 ( )

A. 总质量大于 3 500 kg 的货车装用轮胎的总承载能力应不小于总质量的 1.4 倍
B. 货运车辆不得装用翻新轮胎
C. 同一轴的轮胎规格和花纹应相同，故换装新胎时应整车同换
D. 挂车轮胎胎冠花纹深度应大于或等于 1.6 mm
E. 总质量大于或等于 12 000 kg 的货车应装备缓速器或其他辅助制动装备

【案例二】

2024 年 3 月，王某作为 A 省某物流公司(民营企业)法定代表人、实际管理人，与一家建设工程公司签订运输合同，为 B 省 D 市某大桥大修工程运输箱梁、T 梁等混凝土构件。2024 年 5 月16 日晚，王某安排其公司驾驶员李某、刘某将 T 梁(装车后，车货总长度达到 30 m)由 C 省某市运往位于 B 省 D 市的某建筑工地，并私自规定了行驶路线和出发时间。

当日 23 时许，李某驾驶重型半挂牵引车拖挂一辆全挂车，运载着 T 梁沿某高速由北向南低速行驶。途中，运载 T 梁的全挂车后轮胎突然发生爆胎，驾驶员李某因突发状况慌乱失措，

【案例四】

2024 年 7 月 5 日 18 时，J 普通货运公司与不具备危险货物运输资质的 K 公司签订运输合同，由 K 公司指派持有危险货物运输从业资格证的驾驶员甲，驾驶罐式专用危险货物运输车辆，承运 3 t 甲醇（UN1230）从甲市前往乙市。当日 20 时 50 分，K 公司又受 L 公司委托，指派驾驶员乙驾驶普通货车运输 2 t 发烟弹药（UN0016）。两车行至乙市某路口时，因大雾导致行车视线受阻，且驾驶员甲所驾车辆制动失效，与乙所驾车辆发生碰撞，造成甲醇泄漏、发烟弹药起火燃烧。

调查发现：

(1) L 公司将货物移交 K 公司时，外包装未设置危险货物标志，未向 K 公司提交危险货物托运清单，未提交安全技术说明书和安全标签。

(2) K 公司道路运输经营许可范围为普通货物运输、危险货物运输（第 1 类、第 2 类除外）。

(3) 事故发生时，L 公司应急联系电话无法拨通。

(4) K 公司承运货物所编制的运单信息包括运单编号、托运人和收货人的名称及电话。

(5) 驾驶员甲所采用常压罐式运输车辆进行运输，其承运罐体具有检验合格证书。

根据以上场景，回答下列问题（共 26 分）：

1. 结合本案例，指出托运人的名称，并说明 E 公司的不妥之处。

2. 结合本案例，指出 D 公司所编制的运单信息是否完整？若不完整，请补充（至少 6 个）。

3. 结合本案例，简述常压罐体检验合格证书所包括的内容。

4. 结合本案例，简述车辆制动失效时的应急处置要求。

★ ★ ★ ★ 密 封 线 内 不 要 答 题 ★ ★ ★ ★

★ ★ ★ ★ 密 封 线 内 不 要 答 题 ★ ★ ★ ★

答案精析

一、单项选择题

1. B 【精析】按照道路基本信息的显现特征，一般将交通信息分为潜伏信息、微弱信息、先兆信息和突显信息。其中，微弱信息是指信息刺激量较小，难以被驾驶员接收的信息，例如，夜间穿深色衣服的人、出口缺少明显标志等。

2. A 【精析】转向系统常见的故障有转向沉重、转向不灵敏和汽车发飘。发动机异响是发动机自身运行过程中产生的异常声音，属于发动机系统的故障范畴，与转向系统无直接关联。

3. A 【精析】道路几何平面线形包括直线、圆曲线、缓和曲线、超高和加宽。其中，缓和曲线是设置在直线和圆曲线之间或圆曲线与圆曲线之间的一种曲率连续变化的曲线。缓和曲线的主要类型有抛物线形、双扭曲线形和回旋曲线形。

4. B 【精析】驶入公路时，必须要在加速车道将车速提高到60 km/h以上时，才能择机汇入主路。故选项B错误。

5. B 【精析】经营性道路旅客运输驾驶员应当符合下列条件：(1)取得相应的机动车驾驶证1年以上。(2)年龄不超过60周岁。(3)3年内无重大以上交通责任事故。(4)掌握相关道路旅客运输法规、机动车维修和旅客急救基本知识。(5)经考试合格，取得相应的从业资格证件。

6. A 【精析】从事国际道路客运、高速公路客运或者营运线路长度在800 km以上的客运车辆，其技术等级应当达到一级；其他客运车辆的技术等级应当达到二级以上。

7. D 【精析】总质量大于7 500 kg的货车，应提供对平行车辆纵轴方向的作用力具有足够阻挡力的前下部防护。总质量大于3 500 kg的货车(半挂牵引车除外)、挂车，应提供防止人员卷入的侧面防护。货车列车的货车和挂车之间也应提供防止人员卷入的侧面防护。故选项D错误。

8. C 【精析】常见的货物捆绑方法有：(1)直接或摩擦性捆绑加固，如顶部捆绑、环形捆绑、对角捆绑、绕圈捆绑、直接捆绑及结合其他货物系固方法。(2)阻挡加固。(3)上锁。其中，对角捆绑是用一个或两个吊索吊住货物层的一个或两个角的捆束方法，用于防止货物层的倾斜或滑动。对角捆绑还可以采用单个、封闭的环形吊索，穿过货物层的边缘，并在每边采取对角捆绑。

9. C 【精析】根据《危险货物道路运输规则 第2部分：分类》，除第1类、第2类、5.2项、6.2项和第7类，以及4.1项中的自反应物质以外的物质，根据物质本身的危险程度，将其分为3个包装类别：(1)包装类别Ⅰ，适用内装高度危险性的物质。(2)包装类别Ⅱ，适用内装中等危险性的物质。(3)包装类别Ⅲ，适用内装低度危险性的物质。

10. C 【精析】不得使用罐式专用车辆或者运输有毒、感染性、腐蚀性危险货物的专用车辆运输普通货物。其他专用车辆可以从事食品、生活用品、药品、医疗器具以外的普通货物运输，但应当由运输企业对专用车辆进行消除危害处理，确保不对普通货物造成污染、损害。

11. D 【精析】《手提式灭火器 第1部分：性能和结构要求》将火灾分为5个类型，其中，金属燃烧的火灾属于D类火灾。按充装的灭火剂分类，手提式灭火器可分为水基型灭火器、干粉灭火器、二氧化碳灭火器和洁净气体灭火器。其中，洁净气体灭火器主要有卤代烷烃气体灭火器、惰性气体灭火器和混合气体灭火器，适用于扑救A、B、C、E类火灾，以及固体火灾、液体火灾、可溶化固体火灾、气体火灾、带电火灾。

12. B 【精析】罐体设计代码标明了罐体详细信息，其由四位数组成(L***)，含义如下：(1)第一位表示罐内介质形态，“L”表示供液态物质使用的罐。(2)第二位“*”表示罐体的最小计算压力，用于确定罐体壁厚。(3)第三位“*”是一个字母，表示卸料方式和卸料阀门的要求。(4)第四位“*”是一个字母，表示安全泄放装置的设置要求。

13. D 【精析】紧急切断装置一般由紧急切断阀、远程控制系统以及易熔塞自动切断装置组成。紧急切断装置应动作灵活、性能可靠、便于检修。其控制系统主要有气动式、机械式和液压式3种。

14. B 【精析】车站的进出口不宜设在靠近十字路口一侧，且距离十字路口至少70 m。故选项B错误。

15. A 【精析】综合型货运场站的占地面积和处理能力应符合下表的要求。

患,由生产经营单位主要负责人组织制定并实施事故隐患治理方案。重大事故隐患的治理方案应当包括的内容详见答案。

【案例四】

【答案】

1. 托运人有:J 公司、L 公司。

L 公司的不妥之处如下:

(1)未委托具有相应危险货物道路运输资质的企业承运危险货物。

(2)外包装未设置危险货物标志。

(3)未向 K 公司提交危险货物托运清单。

(4)未提交安全技术说明书和安全标签。

(5)危险货物运输期间应急联系电话未保持畅通。

2. 不完整。运单信息还应包括:装货人名称及联系电话;起运日期;起运地;目的地;城市配送;承运人单位名称、许可证号及联系电话;车辆信息;挂车信息;罐体信息;驾驶员信息;押运员信息;货物信息;备注;二维码;调度人;调度日期等。

3. 常压罐体检验合格证书包括罐体载质量、罐体容积、罐体编号、适装介质列表、下次检验日期和紧急切断装置安装情况。

4. 车辆制动失效时,应按照以下要求进行应急处置:

(1)把稳转向盘,控制车辆行驶方向。

(2)降低档位至最低档,逐渐拉紧驻车制动器,装备有缓速器等辅助制动装置的车辆,同时开启辅助制动装置,保持车辆平稳减速停车。

(3)观察周边的地形条件,利用紧急避险车道、坡道或用车辆侧面擦碰岩壁、安全护栏等方式减速停车。

(4)全面观察周边的交通情况,通过开启危险报警闪光灯,交替变换远、近光灯,鸣喇叭或打手势等方式,向其他道路交通参与者发出警示信号。

【命题点与拓展】

1. 本案例第 1 问考查的是托运人的范围和义务。在货物运输合同中,将货物托付承运人按照合同约定的时间运送到指定地点,向承运人支付相应报酬的一方当事人,称为托运人。托运人在托运危险货物进行道路运输时,需要履行相应职责。

2. 本案例第 2 问考查的是危险货物道路运输运单的基本信息。危险货物道路运输运单应至少包括:运单编号;托运人名称及联系电话;装货人名称及联系电话;收货人名称及联系电话;起运日期;起运地;目的地;城市配送;承运人单位名称、许可证号及联系电话;车辆信息;挂车信息;罐体信息;驾驶员信息;押运员信息;货物信息;备注;二维码;调度人;调度日期。

★★★★密封线内不要答题★★★★

★ ★ ★ ★ 密 封 线 内 不 要 答 题 ★ ★ ★ ★

准考证号________ 姓名________ 工作单位________

全国中级注册安全工程师职业资格考试命题密卷

安全生产专业实务
道路运输安全技术(二)

题 号	一	二	总 分
分 数			

得 分	评卷人

一、单项选择题(共20题,每题1分。每题的备选项中,只有1个最符合题意)

1. 根据《道路交通事故处理程序规定》,道路交通事故的类型不包括 ( )
A. 财产损失事故 B. 伤人事故
C. 重特大交通事故 D. 死亡事故

2. 根据《道路交通安全法》,关于饮酒后驾驶机动车处罚的说法,正确的是 ( )
A. 处暂扣6个月机动车驾驶证,并处1 000元以上2 000以下罚款
B. 由公安机关交通管理部门约束至酒醒,吊销机动车驾驶证,依法追究刑事责任;5年内不得重新取得机动车驾驶证
C. 处15日拘留,并处5 000元罚款,吊销机动车驾驶证,3年内不得重新取得机动车驾驶证
D. 由公安机关交通管理部门约束至酒醒,吊销机动车驾驶证,依法追究刑事责任;10年内不得重新取得机动车驾驶证,重新取得机动车驾驶证后,不得驾驶营运机动车

3. 车道宽度应有利于行车,高速公路大型车车道宽度为( )m。
A. 3.00 B. 3.25
C. 3.50 D. 3.75

4. 下列道路运输风险管控措施中,属于行为控制的是 ( )
A. 采用隔离的方式对危险源进行控制 B. 加强危险源的日常管理
C. 抓好信息反馈,及时整改隐患 D. 控制人为失误

5. 对于12个月内有( )次以上超速违法记录的驾驶员,客运企业不得聘用其驾驶客运车辆。
A. 2 B. 3
C. 4 D. 5

6. 根据《营运客车安全技术条件》,车长8 m的中型客运车辆关键部件需符合的技术要求是 ( )
A. 转向轴最大设计轴荷大于3 000 kg时,应装有转向助力装置
B. 仅驱动车轮需安装盘式制动器
C. 应装备缓速装置
D. 应装用无内胎子午线轮胎

★ ★ ★ ★

某县境内时，张某将车交给了未经过培训、无危险品运输证的刘某驾驶，终因超载严重加之操作不当，致槽车翻入南水北调的某河道，10 余吨的剧毒氰化钠全部泄入河道，引起该流域严重污染，直接威胁到下游几十万人的生命安全，给国家造成经济损失 1 188 万元。

调查发现：该运输车是一辆非法拼装槽车，隶属某货物运输公司。经警方下达隐患整改通知书后仍运氰化钠高达 10 余次。事故发生后，该运输公司未及时向有关部门报告事故情况。

根据以上场景，回答下列问题(共 10 分，每题 2 分，1 ~ 2 题为单选题，3 ~ 5 题为多选题)：

1. 通过公路运输剧毒化学品的，托运人应当向运输目的地的县级人民政府公安机关交通管理部门申请办理 （　）

A. 剧毒化学品准运证
B. 剧毒化学品通行路线证
C. 剧毒化学品公路运输通行证
D. 危险化学品公路运输通行证
E. 危险化学品准入证

2. 通过公路运输危险化学品，必须配备(　　)，并确保危险化学品处于该人员的监管之下，不得超装、超载。

A. 押运人员
B. 副驾驶员
C. 警卫人员
D. 消防人员
E. 安全监督人员

3. 危险货物道路运输从业人员应符合的条件有 （　）

A. 年龄不超过 55 周岁
B. 初中以上学历
C. 3 年内无重大以上交通责任事故
D. 经考试合格，取得相应的从业资格证件
E. 取得经营性道路旅客运输或者货物运输驾驶员从业资格 2 年以上

4. 根据《安全生产法》，道路货物运输生产经营单位的主要负责人对本单位安全生产工作负有的职责包括 （　）

A. 建立健全并落实本单位全员安全生产责任制
B. 组织或者参与本单位应急救援演练
C. 组织制定并实施本单位安全生产规章制度和操作规程
D. 督促落实本单位安全生产整改措施
E. 及时、如实报告生产安全事故

5. 根据《生产安全事故报告和调查处理条例》，报告事故应当包括的内容有 （　）

A. 事故发生单位概况
B. 事故的简要经过
C. 事故造成的人员伤亡和直接经济损失
D. 事故发生的原因和事故性质
E. 已经采取的措施

密 封 线 内 不 要 答 题

【案例二】

某日19时21分，驾驶员王某驾驶1辆挂靠于某物流有限责任公司的重型低平板半挂车运输履带起重机部件，途经某高速下坡路段时，因制动失灵造成车辆失控，连续与13辆小型客车发生直接碰撞，所载货物甩出砸中车辆，并导致周围18辆小型客车相互碰撞。此次事故共造成15人死亡、45人受伤（其中重伤2人、轻伤10人、轻微伤33人）、33辆机动车受损（直接经济损失500万元）。

事故经过：18时27分该车进入长下坡路段的隧道按限速行驶（限速60 km/h），出隧道后升档加速，在通过"重型货车70 km/h限速牌"和出隧道1.2 km处"长下坡路段低档行驶"的安全提示牌后，未以低挡低速方式行驶，而是继续加油提速至10挡行驶，期间频繁使用制动器，在经过第三个避险车道时，驾驶员发现制动气压不足，降速不明显，车辆制动处于失灵状态；继续行驶经过第四个避险车道和第五个避险车道后，于19时21分37秒以116 km/h的时速连续与13辆车直接碰撞，并导致周围18辆车相互碰撞。

调查发现：肇事车辆属于非法拼装车辆，存在制动储气筒接头漏气问题；事故发生时肇事车辆超载运输，装载捆绑也不符合规定。

根据以上场景，回答下列问题（共22分）：

1. 根据《生产安全事故报告和调查处理条例》，判断该起事故的等级，并说明理由。
2. 结合本案例，简述发生该事故的直接原因和间接原因。（至少3条）
3. 结合本案例，简述车辆制动失效时的应急处置措施。
4. 为持续提升货运驾驶员的职业道德和职业技术水平，应加强货运驾驶员的继续教育力度，简述继续教育的基本形式。

【案例三】

某年7月6日，某货运集团有限公司的一辆装载有10 t苯的运输车在山区公路与桥梁栏杆发生擦碰后侧翻，车上装载的苯发生泄漏并大面积燃烧。苯是一种碳氢化合物，即最简单的芳香烃，在常温下是有甜味、有致癌毒性的无色透明液体，并带有强烈的芳香气味。

调查发现：肇事车辆驾驶员宋某在雨天驾驶车辆行驶至事故发生地时，仍以正常的速度行驶；该货运集团有限公司专职监控人员未认真核实公司货运线路限速要求，未按实际限速标准设置对货运车辆进行GPS速度控制。

根据以上场景，回答下列问题（共22分）：

1. 宋某在雨天的行驶速度是否合理？雨天行驶有哪些不安全因素？

★ ★ ★ ★ 密 封 线 内 不 要 答 题 ★ ★ ★ ★

11. A 【精析】按车站位置和特点的不同可将汽车客运站分为枢纽站、国际站、旅游站、便携站和招呼站。其中,招呼站是在公路与城市道路沿线为客运车辆设立的旅客上落点的汽车客运站。一般来说,在两个距离较远的公交站之间才会设立招呼站,是为了方便在这两个车站之间要上下车的乘客。并且,招呼站是不会固定停车上下客的,下车需要跟司机联系,上车要招手。

12. B 【精析】结合事故可能危及人员的数量、影响范围以及单位处置层级等因素综合划定本单位应急响应级别,可分为Ⅰ级、Ⅱ级、Ⅲ级,一般不超过Ⅳ级。Ⅰ级:事故后果超出本单位处置能力,需要外部力量介入方可处置。Ⅱ级:事故后果超出基层单位处置能力,需要本单位采取应急响应行动方可处置。Ⅲ级:事故后果仅限于本单位的局部区域,基层单位采取应急响应行动即可处置。

13. D 【精析】根据《道路客货运输驾驶员行车操作规范》,交通事故现场处置时,应按照以下要求组织现场人员疏散:(1)若在一般道路上,组织现场人员转移到道路以外的安全区域;若在高速公路上,转移到来车方向距车辆 100 m 以外的道路或护栏外侧的安全区域;不应让现场人员滞留在行车道上。(2)若事故车辆出现起火或与道路危险货物运输车辆发生碰撞产生泄漏等情况时,立即隔离现场,组织现场人员转移至安全区域,采取降温、灭火等措施,必要时设法将车辆驶离现场。(3)若隧道内事故车辆出现起火或与道路危险货物运输车辆发生碰撞产生泄漏等情况时,立即组织现场人员沿远离事故车辆或从距隧道出入口、安全通道较近的方向逃生。

14. D 【精析】《道路运输车辆技术管理规定》第四条规定,道路运输经营者是道路运输车辆技术管理的责任主体,负责对道路运输车辆实行择优选配、正确使用、周期维护、视情修理、定期检测和适时更新,保证投入道路运输经营的车辆符合技术要求。

15. D 【精析】《企业安全生产费用提取和使用管理办法》第二十五条规定,交通运输企业安全生产费用应当用于以下支出:(1)完善、改造和维护安全防护设施设备支出(不含"三同时"要求初期投入的安全设施),包括道路、水路、铁路、城市轨道交通、管道运输设施设备和装卸工具安全状况检测及维护系统、运输设施设备和装卸工具附属安全设备等支出。(2)购置、安装和使用具有行驶记录功能的车辆卫星定位装置、视频监控装置、船舶通信导航定位和自动识别系统、电子海图等支出。(3)铁路和城市轨道交通防灾监测预警设备及铁路周界入侵报警系统、铁路危险品运输安全监测设备支出。(4)配备、维护、保养应急救援器材、设备支出和应急救援队伍建设、应急预案制修订与应急演练支出。(5)开展重大危险源检测、评估、监控支出,安全风险分级管控和事故隐患排查整改支出,安全生产信息化、智能化建设、运维和网络安全支出。(6)安全生产检查、评估评价(不含新建、改建、扩建项目安全评价)、咨询和标准化建设支出。(7)配备和更新现场作业人员安全防护用品支出。(8)安全生产宣传、教育、培训和从业人员发现并报告事故隐患的奖励支出。(9)安全生产适用的新技术、新标准、新工艺、新装备的推广应用支出。(10)安全设施及特种设备检测检验、检定校准、铁路和城市轨道交通基础设备安全检测支出。(11)安全生产责任保险及承运人责任保险支出。(12)与安全生产直接相关的其他支出。

16. A 【精析】《汽车客运站安全生产规范》第十七条规定,汽车客运站经营者应当制定对所属从业人员特别是安全生产管理人员年度及长期的继续教育培训计划,明确培训内容和年度培训时间,确保相关人员具备必要的安全生产知识和管理能力。汽车客运站主要负责人和安全生产管理人员初次安全生产教育培训时间不少于 24 学时,每年再培训时间不少于 12 学时。汽车客运站接收实习学生的,应当将实习学生纳入本单位从业人员统一进行安全生产教育培训。汽车客运站采用新技术、新设备,应当对从业人员进行专门的安全生产教育培训。汽车客运站经营者可自主开展从业人员的安全生产教育培训,也可委托对外开展安全生产教育培训业务的机构或者其他汽车客运站开展。安全生产教育培训应当有记录并建档保存,保存期限不少于 36 个月。

17. D 【精析】根据《危险货物道路运输规则 第 7 部分:运输条件及作业要求》,应使用载货汽车(半挂牵引车除外)或半挂牵引车与半挂车组成的汽车列车作为载运危险货物的运输单元。运输单元运载危险货物时,应随车携带便携式灭火器。便携式灭火器的数量及容量应符合下表的规定。

运输单元最大总质量 M/t	灭火器配置最小数目/个	适用于发动机或驾驶室的灭火器		额外灭火器	
		最小数量/个	最小容量/kg	最小数量/个	最小容量/kg
$M \leq 3.5$	2	1	1	1	2
$3.5 < M \leq 7.5$	2	1	1	1	4
$M > 7.5$	3	1	1	2	4

注:容量是指干粉灭火剂(或其他同等效用的适用灭火剂)的容量。

★★★★密封线内不要答题★★★★

★ ★ ★ ★ 密 封 线 内 不 要 答 题 ★ ★ ★ ★

18. D 【精析】日常维护时间为出车前、行车中和收车后。故选项 A 错误。汽车一级维护、二级维护周期的确定应以行驶里程间隔为基本依据,行驶里程间隔执行车辆维修资料等有关技术档的规定。故选项 B 错误。日常维护以清洁、补给和安全性能检视为中心内容。一级维护除日常维护作业外,以润滑、紧固为作业中心内容,并检查有关制动、操纵等系统中的安全部件。故选项 C 错误。

19. C 【精析】危险货物运输常压罐体车辆的紧急切断装置一般由紧急切断阀、远程控制系统以及易熔塞自动切断装置组成,紧急切断阀是核心功能部件。紧急切断装置应动作灵活、性能可靠、便于检修。紧急切断阀阀体不得采用铸铁或非金属材料制造。

20. A 【精析】道路交通标线是由施划或安装于道路上的各种线条、箭头、文字、图案及立面标记、实体标记、突起路标和轮廓标等所构成的交通设施。按功能的不同道路交通标线可分为指示标线、禁止标线、警告标线;按形态的不同道路交通标线可分为线条、字符、突起路标、轮廓标;按设置方式的不同道路交通标线可分为纵向标线、横向标线、其他标线。

二、案例分析题

【案例一】

1. C 【精析】通过公路运输剧毒化学品的,托运人应当向运输目的地的县级人民政府公安机关交通管理部门申请办理《剧毒化学品公路运输通行证》,并由承运人随车携带。

2. A 【精析】在危险货物道路运输过程中,除驾驶人员外,还应当在专用车辆上配备押运人员,确保危险货物处于押运人员监管之下。驾驶人员或者押运人员应当按照《危险货物道路运输规则》的要求,随车携带《道路运输危险货物安全卡》。

3. CDE 【精析】道路危险货物运输驾驶员应当符合下列条件:(1)取得相应的机动车驾驶证。(2)年龄不超过60周岁。(3)3年内无重大以上交通责任事故。(4)取得经营性道路旅客运输或者货物运输驾驶员从业资格2年以上或者接受全日制驾驶职业教育的。(5)接受相关法规、安全知识、专业技术、职业卫生防护和应急救援知识的培训,了解危险货物性质、危害特征、包装容器的使用特性和发生意外时的应急措施。(6)经考试合格,取得相应的从业资格证件。

4. ACE 【精析】《安全生产法》第二十一条规定,生产经营单位的主要负责人对本单位安全生产工作负有下列职责:(1)建立健全并落实本单位全员安全生产责任制,加强安全生产标准化建设。(2)组织制定并实施本单位安全生产规章制度和操作规程。(3)组织制定并实施本单位安全生产教育和培训计划。(4)保证本单位安全生产投入的有效实施。(5)组织建立并落实安全风险分级管控和隐患排查治理双重预防工作机制,督促、检查本单位的安全生产工作,及时消除生产安全事故隐患。(6)组织制定并实施本单位的生产安全事故应急救援预案。(7)及时、如实报告生产安全事故。

5. ABCE 【精析】《生产安全事故报告和调查处理条例》第十二条规定,报告事故应当包括下列内容:(1)事故发生单位概况。(2)事故发生的时间、地点以及事故现场情况。(3)事故的简要经过。(4)事故已经造成或者可能造成的伤亡人数(包括下落不明的人数)和初步估计的直接经济损失。(5)已经采取的措施。(6)其他应当报告的情况。

【案例二】

【答案】

1. 该事故属于重大事故。理由:造成10人以上30人以下死亡,或者50人以上100人以下重伤,或者5 000万元以上1亿元以下直接经济损失的事故为重大事故。该事故造成15人死亡、2人重伤,直接经济损失500万元,属于重大事故。

2. 直接原因:车辆违规拼装;超载运输;驾驶员违章超速驾驶;未及时采取应急处置措施。

间接原因:企业安全生产主体责任落实不到位;相关部门监管责任落实不力;车辆安全技术检验机构的检测把关不严;事故隐患排查和风险治理不彻底。

3. 车辆制动失效时,应按照以下要求进行应急处置:

(1)握稳转向盘,控制车辆行驶方向。

(2)降低挡位至最低挡,逐渐拉紧驻车制动器,装备有缓速器等辅助制动装置的车辆,同时开启辅助制动装置,保持车辆平稳减速停车。

(3)观察周边的地形条件,利用紧急避险车道、坡道或用车辆侧面擦碰岩壁、安全护栏等方式减速停车。

(4)全面观察周边的交通情况,通过开启危险报警闪光灯、交替变换远近光灯、鸣喇叭或打手势,向其他道路交通参与者发出警示信号。

4. 继续教育的基本形式包括:

(1)道路运输企业组织并经县级以上道路运输管理机构备案的培训。

(2)经许可的道路运输驾驶员从业资格培训机构组织的继续教育。

(3)交通运输部或省级交通运输主管部门备案的网络远程继续教育。

(4)经省级道路运输管理机构认定的其他继续教育形式。

(4)检查旅客安全带系扣情况，确保营运客车出站时所有旅客系好安全带。

3.现场有关人员立即报告本单位负责人；单位负责人接到报告后，应当于1 h内向事故发生地县级以上人民政府应急管理部门和负有安全生产管理监督职责的有关部门报告；应急管理部门和负有安全生产管理监督职责的有关部门接到事故报告后，应逐级上报至国务院应急管理部门和负有安全生产管理监督职责的有关部门，同时报告本级人民政府。

4.车辆转向失灵时，应按照以下要求进行应急处置：

(1)立即采取以下强制减速措施，保持车辆平稳减速，并尽快平稳停车：踩踏制动踏板并注意制动强度不要过大，降低挡位；装备有缓速器等辅助制动装置的车辆，同时开启辅助制动装置。

(2)全面观察周边的交通情况，通过开启危险报警闪光灯、交替变换远近光灯、鸣喇叭或打手势，向其他道路交通参与者发出警示信号。

【命题点与拓展】

1.本案例第1问考查的是道路旅客运输安全以及装载行李的规定。《道路运输条例》第三十四条规定，道路运输车辆运输旅客的，不得超过核定的人数，不得违反规定载货；运输货物的，不得运输旅客，运输的货物应当符合核定的载重量，严禁超载；载物的长、宽、高不得违反装载要求。《道路旅客运输企业安全管理规范》第四十条规定，客运班车应当严格按照许可的起讫地、日发班次下限和备案的途经线路运行，在起讫地客运站点和中途停靠地客运站点(统称配客站点)上下旅客，不得在规定的配客站点外上客或者沿途揽客，无正当理由不得改变途经路线。客运班车在遵守道路交通安全、城市管理相关法律法规的前提下，可以在起讫地、中途停靠地所在的城市市区、县城城区沿途下客。重大活动期间，客运班车应当按照交通运输主管部门指定的配客站点上下旅客。对于成立线路公司的道路客运班线，可自主确定中途停靠地客运站点并告知原许可机关，提前向社会公布，方便乘客上下车。客运车辆不得违反规定载货，行李堆放区和乘客区要隔离，不得在行李堆放区内载客，客运班车行李舱载货应当执行《客运班车行李舱载货运输规范》。

2.本案例第2问考查的是营运客车出站检查的主要内容。汽车客运站经营者应当建立出站检查制度，配备出站检查工作人员，对出站营运客车和驾驶员的相关情况进行检查，严禁不符合条件的营运客车和驾驶员出站运营。营运客车不配合出站检查的，汽车客运站经营者有权拒绝营运客车出站。经劝阻无效，仍滞留现场扰乱秩序的，汽车客运站经营者应当采取相应措施安排旅客改乘并报当地交通运输主管部门；对强行出站的，汽车客运站经营者应当立即报告当地交通运输主管部门处理。对相应营运客车，汽车客运站可在一定期限内禁止其进站发班。客运站车辆出站前应做到“六不出站”。

3.本案例第3问考查的是事故上报的一般流程。《生产安全事故报告和调查处理条例》第九条规定，事故发生后，事故现场有关人员应当立即向本单位负责人报告；单位负责人接到报告后，应当于1 h内向事故发生地县级以上人民政府应急管理部门和负有安全生产监督管理职责的有关部门报告。情况紧急时，事故现场有关人员可以直接向事故发生地县级以上人民政府应急管理部门和负有安全生产监督管理职责的有关部门报告。第十条规定，应急管理部门和负有安全生产监督管理职责的有关部门接到事故报告后，应当依照下列规定上报事故情况，并通知公安机关、劳动保障行政部门、工会和人民检察院：(1)特别重大事故、重大事故逐级上报至国务院应急管理部门和负有安全生产监督管理职责的有关部门。(2)较大事故逐级上报至省、自治区、直辖市人民政府应急管理部门和负有安全生产监督管理职责的有关部门。(3)一般事故上报至设区的市级人民政府应急管理部门和负有安全生产监督管理职责的有关部门。应急管理部门和负有安全生产监督管理职责的有关部门依照前款规定上报事故情况，应当同时报告本级人民政府。国务院应急管理部门和负有安全生产监督管理职责的有关部门以及省级人民政府接到发生特别重大事故、重大事故的报告后，应当立即报告国务院。必要时，应急管理部门和负有安全生产监督管理职责的有关部门可以越级上报事故情况。

4.本案例第4问考查的是车辆转向失灵时的应急处置措施。车辆转向失灵时的应急处置措施详见答案。

★★★★密封线内不要答题★★★★

准考证号 ________

姓名 ________

工作单位 ________

★ ★ ★ ★ 密 封 线 内 不 要 答 题 ★ ★ ★ ★

全国中级注册安全工程师职业资格考试命题密卷

安全生产专业实务
道路运输安全技术(三)

题号	一	二	总分
分数			

得分	评卷人

一、单项选择题(共20题,每题1分。每题的备选项中,只有1个最符合题意)

1. 对汽车列车的制动协调时间要求小于或等于(　　)s。

A. 0.25　　B. 0.35

C. 0.60　　D. 0.80

2. 下列属于承载式车身特点的是 (　　)

A. 车身通过橡胶软垫或弹簧与车架做柔性连接

B. 车架是支承全车的基础,承受着在其上所安装的各个总成的各种载荷

C. 没有车架,车身就作为发动机和底盘各总成的安装基体

D. 车身通过焊接、铆接或螺钉与车架刚性连接

3. 交通安全设施是影响道路交通安全的重要因素,它能够对驾驶人和其他交通参与者进行引导和约束,而且在车辆出现操控异常时有效地对车辆进行保护。下列属于道路交通安全设施的是 (　　)

A. 收费设施　　B. 防眩设施

C. 服务区　　D. 通信设施

4. 下列不属于驾驶员常见职业病的是 (　　)

A. 颈椎病　　B. 胃病

C. 电光性眼炎　　D. 肩周炎

5. 客运驾驶员教育培训档案保存期限不少于(　　)个月。

A. 6　　B. 12

C. 24　　D. 36

6. 车长大于9 m的营运客车应至少配置 (　　)

A. 1个安全顶窗　　B. 2个右侧乘客门

C. 2个外推式应急窗　　D. 2个击碎玻璃式应急窗

C. 接地线及手把线都不得搭在易燃、易爆和带有热量的物品上,接地线不得接在管道、机床设备和建筑物金属构架或轨道上,接地电阻不大于 10 MΩ,设备外壳要可靠接地

D. 在容器内施焊时,必须采取的措施有:容器上必须有进出风口并设置通风设备,容器内的照明电压不得超过 24 V,焊接时必须有人在场监护,严禁在已喷涂过油漆或塑料的容器内焊接

得　分	评卷人

二、案例分析题【共 4 题,共 80 分。其中第一题为客观题(包括单选题和多选题),第二、三、四题为主观题。单选题每题的备选项中只有 1 个最符合题意。多选题每题的备选项中有 2 个或 2 个以上符合题意,至少有 1 个错项;错选,本题不得分;少选,所选的每个选项得 0.5 分】

【案例一】

某运输公司委托某培训机构讲授了道路运输隐患的表现形式、排查方式和方法,然后对新招入厂的工人进行了安全培训,培训工作结束后,委托该机构对本企业的运输工具及设施设备、职工、道路环境和运输过程等环节进行了事故隐患排查,共查出隐患 162 处,安全生产管理人员将企业的事故隐患进行了分级,按照"四定"原则对不同级别的隐患进行整改,并按照规定将重大隐患向安全监管监察部门和有关部门做了报告。

根据以上场景,回答下列问题(共 10 分,每题 2 分,1 ~ 2 题为单选题,3 ~ 5 题为多选题):

1. 事故隐患分为　(　　)

A. 一级　　B. 二级

C. 三级　　D. 四级

E. 五级

2. 该公司招收的新上岗的从业人员安全培训的时间不得少于(　　)学时。

A. 20　　B. 24

C. 32　　D. 48

E. 72

3. 下列属于隐患排查方式的有　(　　)

A. 综合隐患排查　　B. 事故类比隐患排查

C. 季节性隐患排查　　D. 节假日隐患排查

E. 日常隐患排查

4. 安全隐患的处理要遵循"四定"原则,下列属于"四定"的有　(　　)

A. 定时间　　B. 定负责人

C. 定资金来源　　D. 定完成期限

E. 定措施

5. 下列是该企业识别的部分隐患,其中属于管理方面隐患的有　(　　)

A. 事故隐患整改经费不落实　　B. 安全警示标志不明确

C. 危货品与其他货物不符合要求混装　　D. 违章作业

E. 劳动组织不合理

密　封　线　内　不　要　答　题

★
★
★
★
密
封
线
内
不
要
答
题
★
★
★
★

【案例二】

某货运场站成立有安全生产管理机构,配备专职安全生产管理人员7名,兼职安全生产管理人员12名,按照规定为从业人员配备了相关个人劳动防护用品。主要设备有:普通运输车辆30辆,普通电梯3部,叉车5辆,巷道堆垛机5辆,集装箱龙门吊5台,集装箱正面吊2台,带式输送机2台,二氧化碳钢瓶50个,氮气钢瓶50个。2022年3月5日,装卸员在作业过程中发生货物泄露事件,装卸员未佩戴安全防护措施,导致吸入有毒气体中毒,经救治后恢复。

根据以上场景,回答下列问题(共22分):

1. 请指出该货运场站的装卸特种设备。
2. 简述装卸员应配备的劳动防护用品。
3. 简述该货运场站安全管理人员应具备的能力。
4. 简述针对装卸员中毒事件应采取的预防措施。

【案例三】

某客运站主要经营二类客运班线,建立了安全生产管理制度体系,如综合安全管理制度、人员安全管理制度、设施设备安全管理制度和环境安全管理制度,每年到县级以上道路运输管理机构对客运车辆进行审验,设有车辆安全例行检查场所对车辆进行安全例行检查。在春运期间,由于人流量加大,该客运站的车辆无法满足要求,决定临时调用车辆技术等级不低于三级的营运客车补充为加班车。

根据以上场景,回答下列问题(共22分):

1. 简述该客运站的车辆在数量方面的最低配置要求。
2. 该客运站临时调用车辆技术等级不低于三级的营运客车补充为加班车是否合理,说明理由。
3. 简述县级以上道路运输管理机构对客运车辆进行审验的内容。
4. 该客运站营运客车需安全例行检查,简述在安全设施方面所检查的项目。

9. C 【精析】经批准进行大件运输的车辆，行驶公路时应当遵守下列规定：(1)采取有效措施固定货物，按照有关要求在车辆上悬挂明显标志，保证运输安全。(2)按照指定的时间、路线和速度行驶。(3)车货总质量超限的车辆通行公路桥梁，应当匀速居中行驶，避免在桥上制动、变速或者停驶。(4)需要在公路上临时停车的，除遵守有关道路交通安全规定外，还应当在车辆周边设置警告标志，并采取相应的安全防范措施；需要较长时间停车或者遇有恶劣天气的，应当驶离公路，就近选择安全区域停靠。(5)通行采取加固、改造措施的公路设施，承运人应当提前通知该公路设施的养护管理单位，由其加强现场管理和指导。(6)因自然灾害或者其他不可预见因素而出现公路通行状况异常致使大件运输车辆无法继续行驶的，承运人应当服从现场管理并及时告知作出行政许可决定的公路管理机构，由其协调当地公路管理机构采取相关措施后继续行驶。

10. D 【精析】从事包车客运的客运企业应当建立包车客运标志牌统一管理制度。定线通勤包车可根据合同进行定期审核，使用定期(月、季、年)包车客运标志牌，最长不得超过12个月。

11. B 【精析】《烟花爆竹安全管理条例》第二十四条规定，受理申请的公安部门应当自受理申请之日起3日内对提交的有关材料进行审查，对符合条件的，核发《烟花爆竹道路运输许可证》；对不符合条件的，应当说明理由。《烟花爆竹道路运输许可证》应当载明托运人、承运人、一次性运输有效期限、起始地点、行驶路线、经停地点、烟花爆竹的种类、规格和数量。

12. D 【精析】根据《关于做好道路运输承运人责任保险工作的通知》，第三者责任保险部分的限额，根据《危险货物品名表》的分类标准，运输第1~8类危险货物的车辆，每车每次事故责任限额不低于100万元；运输第9类危险货物的车辆，每车每次事故责任限额不低于50万元；以上各类运输危险货物的车辆，每次事故每人人身伤亡责任限额不低于40万元。

13. B 【精析】《汽车客运站安全生产规范》第二十七条规定，"营运客车安全例行检查合格通知单"24小时内有效。单程运营里程在800公里(含)以上的客运班车和往返运营时间在24小时(含)以上的客运班车，实行每个单程检查一次。汽车客运站经营者应当建立健全安全例行检查台账并妥善保存，保存期限不少于3个月。故选项B错误。

14. B 【精析】为了保证驾驶训练安全，进入训练场限速5 km/h，并且驾驶训练场内禁止超车、并行、逆行。故选项B错误。

15. D 【精析】道路客运联网售票系统是指在某区域实现票务信息查询、联网售票、票务结算等功能的综合性服务系统。道路客运联网售票系统主要业务除了数据交换管理、业务管理、售票服务外，还包括清分结算及客运信息监测。

16. C 【精析】应急预案编制程序包括成立应急预案编制工作组、资料收集、风险评估、应急资源调查、案例分析、应急预案编制、桌面推演、应急预案评审和批准实施8个步骤。

17. B 【精析】汽车罐车、铁路罐车和罐式集装箱的定期检验分为年度检验和全面检验。汽车罐车、铁路罐车和罐式集装箱的定期检验周期：年度检验每年至少1次；首次全面检验应当于投用后1年内进行；下次全面检验周期，由检验机构根据移动式压力容器的安全状况等级，按照全面检验周期要求确定。

18. B 【精析】驾驶人驾驶行为分析装置应实现以下功能：(1)通过视频分析技术，判断司机是否生理疲劳，准确度大于或等于90%。(2)通过视频分析技术，判断车辆是否按规定车道行驶，准确度大于或等于90%。(3)根据异常驾驶行为参数设置，实现异常驾驶行为报警功能。驾驶人驾驶行

★★★★ 密 封 线 内 不 要 答 题 ★★★★

为分析装置的测试方法应在产品技术文件中明示。

19. B 【精析】《生产经营单位安全培训规定》第九条规定，生产经营单位主要负责人和安全生产管理人员初次安全培训时间不得少于32学时。每年再培训时间不得少于12学时。第十三条规定，生产经营单位新上岗的从业人员，岗前安全培训时间不得少于24学时。

20. A 【精析】长期停用焊接设备，使用时须检查其绝缘电阻值不得低于0.5 MΩ，接线部分不得有腐蚀和受潮现象。故选项B错误。接地线及手把线都不得搭在易燃、易爆和带有热源的物品上；接地线必须接到现场，不得接在管道、机床设备或其他建筑物金属构架上，接地线绝缘应良好，接地电阻不大于4 Ω。故选项C错误。在容器内施焊时，容器内的照明电压不得超过12 V。故选项D错误。

二、案例分析题

【案例一】

1. B 【精析】《安全生产事故隐患排查治理暂行规定》第三条规定，本规定所称安全生产事故隐患（以下简称事故隐患），是指生产经营单位违反安全生产法律、法规、规章、标准、规程和安全生产管理制度的规定，或者因其他因素在生产经营活动中存在可能导致事故发生的物的危险状态、人的不安全行为和管理上的缺陷。事故隐患分为一般事故隐患和重大事故隐患。一般事故隐患，是指危害和整改难度较小，发现后能够立即整改排除的隐患。重大事故隐患，是指危害和整改难度较大，应当全部或者局部停产停业，并经过一定时间整改治理方能排除的隐患，或者因外部因素影响致使生产经营单位自身难以排除的隐患。

2. B 【精析】《生产经营单位安全培训规定》第十三条规定，生产经营单位新上岗的从业人员，岗前安全培训时间不得少于24学时。煤矿、非煤矿山、危险化学品、烟花爆竹、金属冶炼等生产经营单位新上岗的从业人员安全培训时间不得少于72学时，每年再培训的时间不得少于20学时。本案例的企业属于一般行业，故需培训24学时。

3. ACDE 【精析】根据道路运输隐患排查的方式和方法，其方式主要有：综合检查（各部门参与的全面检查）、专业检查（专业检查压力容器、电器设备、机械设备、安全装备、监测仪器、危险品）、季节性检查（根据季节特点进行的专项检查）、节假日检查（节前检查安全、保卫、消防、生产设备、备用设备和应急预案）、日常检查（交接班检查、巡回检查和经常性检查）。选项B不属于隐患排查方式。

4. ABCD 【精析】安全隐患的基本处理程序主要包括登记（登记前，需对隐患确认和分级）、整改（根据隐患等级提出整改措施）、复查（根据隐患等级进行复查验收）、销案（根据复查结果，注销该隐患）四个环节。按照“四定”（定时间、定负责人、定资金来源、定完成期限）原则落实隐患处理要求。选项E不属于“四定”内容。

5. AE 【精析】管理上的隐患表现主要有：(1)安全生产规章制度不完善、不健全。(2)管理者重生产轻隐患，对事故隐患监管不力。(3)员工缺乏安全教育培训，安全意识不强。(4)安全管理过程中不按规章办事。(5)各级主管人员针对员工不安全行为态度恶劣、蛮横。(6)劳动组织不合理。(7)事故防范和应急措施不健全。(8)事故隐患整改不力，经费不落实。选项B属于作业环境方面的隐患表现，选项C属于物方面的隐患表现，选项D属于人方面的隐患表现。

【案例二】

【答案】

1. 普通电梯3部，叉车5辆，巷道堆垛机5辆，集装箱龙门吊5台，集装箱正面吊2台，二氧化碳钢瓶50个，氮气钢瓶50个。

2. 安全帽、防砸鞋（靴）、防刺穿鞋、安全网、防毒面具、防化学品手套、化学品防护服。

3. (1)正确分析、判断和处理安全管理具体问题的能力。

【命题点与拓展】

1. 本案例第1问考查的是应急预案编制工作组的组成。根据《生产经营单位生产安全事故应急预案编制导则》,结合本单位职能和分工,成立以单位有关负责人为组长,单位相关部门人员(如生产、技术、设备、安全、行政、人事、财务人员)参加的应急预案编制工作组,明确工作职责和任务分工,制订工作计划,组织开展应急预案编制工作。预案编制工作组中应邀请相关救援队伍以及周边相关企业、单位或社区代表参加。

2. 本案例第2问考查的是事故报告时限。《生产安全事故报告和调查处理条例》第九条规定,事故发生后,事故现场有关人员应当立即向本单位负责人报告;单位负责人接到报告后,应当于1 h内向事故发生地县级以上人民政府应急管理部门和负有安全生产监督管理职责的有关部门报告。情况紧急时,事故现场有关人员可以直接向事故发生地县级以上人民政府应急管理部门和负有安全生产监督管理职责的有关部门报告。

3. 本案例第3问考查的是申报应急预案备案应提交的材料。《生产安全事故应急预案管理办法》第二十七条规定,生产经营单位申报应急预案备案,应当提交下列材料:(1)应急预案备案申报表。(2)本办法第二十一条所列单位,应当提供应急预案评审意见。(3)应急预案电子文档。(4)风险评估结果和应急资源调查清单。第二十一条规定,矿山、金属冶炼企业和易燃易爆物品、危险化学品的生产、经营(带储存设施的,下同)、储存、运输企业,以及使用危险化学品达到国家规定数量的化工企业、烟花爆竹生产、批发经营企业和中型规模以上的其他生产经营单位,应当对本单位编制的应急预案进行评审,并形成书面评审纪要。前款规定以外的其他生产经营单位可以根据自身需要,对本单位编制的应急预案进行论证。本案例企业为危险化学品生产企业,属于应申报应急预案备案的单位。

4. 本案例第4问考查的是应急预案应及时修订和归档的情况。《生产安全事故应急预案管理办法》第三十五条规定,矿山、金属冶炼、建筑施工企业和易燃易爆物品、危险化学品等危险物品的生产、经营、储存、运输企业、使用危险化学品达到国家规定数量的化工企业、烟花爆竹生产、批发经营企业和中型规模以上的其他生产经营单位,应当每3年进行1次应急预案评估。第三十六条规定,有下列情形之一的,应急预案应当及时修订并归档:(1)依据的法律、法规、规章、标准及上位预案中的有关规定发生重大变化的。(2)应急指挥机构及其职责发生调整的。(3)安全生产面临的风险发生重大变化的。(4)重要应急资源发生重大变化的。(5)在应急演练和事故应急救援中发现需要修订预案的重大问题的。(6)编制单位认为应当修订的其他情况。

★★★★密封线内不要答题★★★★

准考证号 ________ 姓名 ________ 工作单位 ________

★★★★ 密 封 线 内 不 要 答 题 ★★★★

全国中级注册安全工程师职业资格考试命题密卷

安全生产专业实务
道路运输安全技术(四)

题　号	一	二	总　分
分　数			

得　分	评卷人

一、单项选择题(共20题,每题1分。每题的备选项中,只有1个最符合题意)

1. 关于道路运输和道路运输安全特点的说法,错误的是 (　　)
   A. “门到门”的运输方式,是其他运输无法比拟的
   B. 道路运输的成本较低
   C. 发生运输事故的主要原因是运输企业安全主体责任不落实
   D. 运输事故发生的主要车型是大型货车
2. 下列货物的毁损、灭失原因中,需要承运人承担损害赔偿责任的是 (　　)
   A. 不可抗力　　B. 货物本身的自然性质
   C. 合理损耗　　D. 承运人运输不当
3. 关于车辆最大内轮差的说法,正确的是 (　　)
   A. 小型车辆最大内轮差为0.3~0.7 m　　B. 小型车辆最大内轮差为0.6~1.0 m
   C. 大型车辆最大内轮差为0.9~1.5 m　　D. 大型车辆最大内轮差为2.5~3.0 m
4. 关于道路安全净空的说法,错误的是 (　　)
   A. 高速公路为5 m　　B. 一级公路为5 m
   C. 二级公路为4.5 m　　D. 三级公路为4.5 m
5. 客运车辆关键部位转向轴最大设计轴荷大于(　　)kg时,应装有转向助力装置。
   A. 4 000　　B. 5 000
   C. 6 000　　D. 7 000
6. 营运客车应装备单燃油箱,且单燃油箱的额定容量应小于或等于(　　)L。
   A. 260　　B. 300
   C. 360　　D. 400
7. 根据《道路运输行业行车事故统计报表制度》,下列不属于道路运输行业行车事故直接原因的是 (　　)
   A. 超载　　B. 爆胎
   C. 失火　　D. 机械故障

3. 必须参与制定危险货物道路运输作业查验、记录制度的人员有 (   )

A. 托运人
B. 承运人
C. 装货人
D. 卸货人
E. 收货人

4. 该起事故的间接经济损失包括 (   )

A. 停产损失价值
B. 资源损失价值
C. 工作损失价值
D. 处理环境污染的费用
E. 流动资产损失价值

5. 下列关于行驶速度的说法符合《危险货物道路运输安全管理办法》规定的有 (   )

A. 高速公路上行驶速度不得超过 90 km/h
B. 其他道路上行驶速度不得超过 70 km/h
C. 高速公路上行驶速度不得超过 80 km/h
D. 其他道路上行驶速度不得超过 60 km/h
E. 其他道路上行驶速度不得超过 90 km/h

【案例二】

某道路运输车辆于某年 11 月 20 日承接了一项山货运输工作。货源位于我国西部某山区,除最初盘山公路外,其余行车路段多为国道、省道或高速公路,货运目的地为我国北部某沿海城市。

11 月 21 日 2 时,该车辆离开山区后,沿国道行驶,行驶途中遇天气起雾,因雾气太大影响行车视线,驾驶员李某建议停靠路边待大雾消散后再上路,但车主以托运合同约定的运输时间紧和超期赔偿金高为由要求驾驶员继续行进。

驾驶员在驾车行进过程中遇到正在执行急救任务的救护车辆,救护车辆因雾气太大行驶速度十分缓慢。为安全起见,货车驾驶员李某原想以一定的安全车距跟随行驶,但车主要求超车,最后发生两车剐蹭事故,所幸没有人员伤亡。

根据以上场景,回答下列问题(共 22 分):

1. 简述山区路段、大雾路段车辆运行的安全操作规程。如需进行交通管制,则应由什么部门实施?
2. 该道路运输车辆 11 月 21 日 2 时离开山区后在遇到大雾的情况下继续行驶的做法是否正确?说明原因。
3. 车主的做法是否正确?说明原因。
4. 背景中出现的情形是否允许超车?说明原因。

密 封 线 内 不 要 答 题

【案例三】

某年11月30日11时50分，驾驶人杨某对客车进行日常维护后，驾驶大型普通客车（核载46人，实载50人）出发，行车途中因超速，在转弯时发生爆胎，车辆发生侧滑，翻倒在道路中央。

某危险货物道路运输企业接到孙某的委托，运送一批危险化学品到邻省。企业编制应急预案后，安排驾驶人张某开车运送。张某正驾驶大货车行至转弯处，躲闪不及，被道路中央的事故车辆撞倒，运送的危险化学品发生泄漏并起火，同时引发了货车和客车爆燃，造成客车内人员10人当场死亡、3人经抢救无效后死亡、12人受伤。

根据以上场景，回答下列问题（共22分）：

1. 结合本案例，简述车辆爆胎时的应急处置措施。
2. 该客车发生侧滑、侧翻的主要原因是什么？
3. 根据《道路危险货物运输管理规定》，孙某向运输企业托运危险化学品时，应做好哪些工作？
4. 发生爆燃后，驾驶人张某应做什么？

密封线内不要答题

运输驾驶员、道路危险货物运输从业人员年龄超过60周岁的。(4)经营性道路客货运输驾驶员、道路危险货物运输驾驶员的机动车驾驶证被注销或者被吊销的。(5)超过从业资格证件有效期180日未申请换证的。凡被注销的从业资格证件,应当由发证机关予以收回,公告作废并登记归档;无法收回的,从业资格证件自行作废。

10. C 【精析】《道路运输驾驶员诚信考核办法》第九条规定,道路运输驾驶员诚信考核实行计分制,考核周期为12个月,满分为20分,从道路运输驾驶员初次领取从业资格证件之日起计算。一个考核周期届满,经确定诚信考核等级后,该考核周期内的计分予以清除,不转入下一个考核周期。根据道路运输驾驶员违反诚信考核指标的情况,一次计分的分值分别为20分、10分、5分、3分、1分五种。第十条规定,对道路运输驾驶员的道路运输违法行为,处罚与计分同时执行。道路运输驾驶员一次有两个以上违法行为的,计分时应当分别计算,累加分值。故选项C正确。

11. B 【精析】根据《道路运输企业车辆技术管理规范》,危险货物运输企业、拥有10辆(含)以上营运车辆的道路旅客运输企业和拥有30辆(含)以上营运车辆的普通货物运输企业应设置专门的车辆技术管理机构,配备技术负责人和车辆技术管理人员。拥有10辆以下营运车辆的道路旅客运输企业和拥有30辆以下营运车辆的普通货物运输企业应配备车辆技术管理人员。

12. B 【精析】根据《机动车运行安全技术条件》,总质量大于或等于12 000 kg的货车(半挂牵引车除外)和货车底盘改装的专项作业车、车长大于8.0 m的挂车及所有最大设计车速小于或等于40 km/h的汽车和挂车,应按《车辆尾部标志板》规定设置车辆尾部标志板;半挂牵引车应在驾驶室后部上方设置能体现驾驶室的宽度和高度的车身反光标识,其他货车(多用途货车除外)、货车底盘改装的专项作业车和挂车(设置有符合规定的车辆尾部标志板的专项作业车和挂车,以及旅居挂车除外)应在后部设置车身反光标识。后部的车身反光标识应能体现机动车后部的高度和宽度,对厢式货车和挂车应能体现货厢轮廓,且采用一级车身反光标识材料时与后反射器的面积之和应大于或等于0.1 m^2,采用二级车身反光标识材料时与后反射器的面积之和应大于或等于0.2 m^2。故选项B正确。

13. C 【精析】新能源汽车是指采用新型动力系统,完全或者主要依靠新型能源驱动的汽车,包括插电式混合动力(含增程式)汽车、纯电动汽车和燃料电池汽车等。新能源汽车包括插电式混合动力(含增程式)汽车、混合动力电动汽车(HEV)、纯电动汽车(BEV,包括太阳能汽车)、燃料电池电动汽车(FCEV)、氢发动机汽车、其他新能源(如超级电容器、飞轮等高效储能器)汽车等。非常规的车用燃料指除汽油、柴油、天然气(NG)、液化石油气(LPG)、乙醇汽油(EG)、甲醇、二甲醚之外的燃料。气体氢为氢发动机使用的燃料,故选项C错误。

14. D 【精析】本题可采用排除法。镇静剂、安眠药和具有兴奋作用的药物会改变驾驶员对外界的反应力。驾驶员在开车前均不应服用这类药物。链霉素等抗生素也会使驾驶员产生头晕、耳鸣、恶心等副作用,使人体机能失去平衡,开车时就容易发生事故。抗过敏药物则有头晕、困倦、嗜睡等副作用,驾驶期间应禁用。阿司匹林、扑热息痛等,服后会使人感到乏力、注意力减退、反应灵敏性下降。

15. A 【精析】制动效能是制动性最基本的评价指标。制动效能是指汽车在良好路面上以一定的初速度制动到停车的制动距离或制动时汽车的减速度。影响制动效能的主要因素有:制动器的结构形式、制动协调时间、路面附着系数、超载率。

16. D 【精析】驾驶员的注意类型:(1)不随意注意,是指事先没有目的、也不需要意志努力的注意,也称无意注意。注意的引起与维持不是依靠意志的努力,而是取决于刺激物本身的性质。不随意注意是一种消极被动的注意。在这种注意活动中,

★★★★密封线内不要答题★★★★

3. ABC 【精析】《危险货物道路运输安全管理办法》第七条规定，托运人、承运人、装货人应当制定危险货物道路运输作业查验、记录制度，以及人员安全教育培训、设备管理和岗位操作规程等安全生产管理制度。托运人、承运人、装货人应当按照相关法律法规和《危险货物道路运输规则》要求，对本单位相关从业人员进行岗前安全教育培训和定期安全教育。未经岗前安全教育培训考核合格的人员，不得上岗作业。托运人、承运人、装货人应当妥善保存安全教育培训及考核记录。岗前安全教育培训及考核记录保存至相关从业人员离职后12个月；定期安全教育记录保存期限不得少于12个月。

4. ABCD 【精析】根据《企业职工伤亡事故经济损失统计标准》，间接经济损失指因事故导致产值减少、资源破坏和受事故影响而造成其他损失的价值。根据《企业职工伤亡事故经济损失统计标准》，间接经济损失的统计范围包括六个方面：(1)停产、减产损失价值。(2)工作损失价值。(3)资源损失价值。(4)处理环境污染的费用。(5)补充新职工的培训费用。(6)其他损失费用。选项E属于直接经济损失。故选项A,B,C,D正确。

5. CD 【精析】《危险货物道路运输安全管理办法》第四十六条规定，危险货物运输车辆在高速公路上行驶速度不得超过80 km/h，在其他道路上行驶速度不得超过60 km/h。道路限速标志、标线标明的速度低于上述规定速度的，车辆行驶速度不得高于限速标志、标线标明的速度。

【案例二】

【答案】

1. 山区路段车辆运行的操作规程：驾驶员要集中注意力；严格按规定车速行驶；转弯时，应尽量靠山体侧行驶；遇到后方来车超车，在道路较宽敞处靠边慢行，并打开右转方向灯等。

大雾路段车辆运行的操作规程：缓慢行驶，以加强驾驶员对路迹的辨识与判断；驾驶员要沿着路标慢行，或依靠路旁安全区，打开车辆警示灯、近光灯及雾灯，提醒后方来车注意（请勿打远光灯，以免造成光幕现象）。如果雾气较重，严禁强行行车，待雾气稍散再缓慢驶离等。

交通管制部门：公安机关交通管理部门。

2. 不正确。原因：该道路运输车辆于11月21日2时离开山区后，沿国道行驶，行驶途中遇天气起雾没有按规定就近寻找安全地点停车休息，或进行接驳运输。

3. 不正确。原因：任何人不得强迫、指使驾驶人违反道路交通安全法律、法规和机动车安全驾驶要求驾驶机动车。

4. 不允许超车。原因：当前方车辆为执行紧急任务的警车、消防车、救护车、工程救险车时，不得超车。

【命题点与拓展】

1. 本案例第1问考查的是特殊路段和环境中的车辆安全运行知识。山区路段、大雾路段车辆运行的操作规程如答案所述。《道路交通安全法》第四十条规定，遇有自然灾害、恶劣气象条件或者重大交通事故等严重影响交通安全的情形，采取其他措施难以保证交通安全时，公安机关交通管理部门可以实行交通管制。第四十一条规定，有关道路通行的其他具体规定，由国务院规定。

2. 本案例第2问考查的是特殊路段、特殊时段和特殊环境下车辆的安全运行知识。特殊时段的车辆运行应坚持“安全第一，预防为主，综合治理”方针，为确保运行安全，对于凌晨2时至5时以前未到达目的地的车辆必须就近寻找安全地点停车休息，或进行接驳运输。晚上10时至次日6时禁止任何运营客车在三级（含三级）以下公路运行。

3. 本案例第3问考查的是机动车驾驶人的安全驾驶规定。《道路交通安全法》第二十二条规定，机动车驾驶人应当遵守道路交通安全法律、法规的规定，按照操作规范安全驾驶、文明驾驶。饮酒、服用国家管制的精神药品或者麻醉药品，或者患有妨碍安全驾驶机动车的疾病，或者过度疲劳影响安全驾驶的，不得驾驶机动车。任何人不得强迫、指使、纵容驾驶人违反道路交通安全法律、法规和机动车安全驾驶要求驾驶机动车。第二十三条规定，公安机关交通管理部门依照法律、行政法规的规定,定期对机动车驾驶证实施审验。

4. 本案例第4问考查的是机动车的超车规定。《道路交通安全法》第四十二条规定,机动车上道路行驶,不得超过限速标志标明的最高时速。在没有限速标志的路段,应当保持安全车速。夜间行驶或者在容易发生危险的路段行驶,以及遇有沙尘、冰雹、雨、雪、雾、结冰等气象条件时,应当降低行驶速度。第四十三条规定,同车道行驶的机动车,后车应当与前车保持足以采取紧急制动措施的安全距离。有下列情形之一的,不得超车:(1)前车正在左转弯、掉头、超车的。(2)与对面来车有会车可能的。(3)前车为执行紧急任务的警车、消防车、救护车、工程救险车的。(4)行经铁路道口、交叉路口、窄桥、弯道、陡坡、隧道、人行横道、市区交通流量大的路段等没有超车条件的。

【案例三】

【答案】

1. 车辆发生爆胎时,应按照以下要求进行应急处置:

(1)遇前轮爆胎,立即握稳转向盘,尽量控制车辆直线滑行,不可踩踏制动踏板;若已有方向偏离,控制行驶方向时,不可过度矫正;待车速明显降低后,就近选择安全区域停车。

(2)遇后轮爆胎,立即握稳转向盘,轻踩制动踏板,选择安全区域停车。

2. 该客车发生侧滑、侧翻的主要原因是超载、超速。

3. 孙某向运输企业托运危险化学品时,应当严格按照国家有关规定妥善包装并在外包装设置标志,并向运输企业说明危险化学品的品名、数量、危害、应急措施等情况。需要添加抑制剂或者稳定剂的,孙某应当按照规定添加,并告知运输企业相关注意事项。孙某还应当提交与托运的危险化学品完全一致的安全技术说明书和安全标签。

4. 发生爆燃后,驾驶人张某应当立即根据应急预案和《道路运输危险货物安全卡》的要求采取应急处置措施,并向事故发生地公安部门、交通运输主管部门和本运输企业或者单位报告。运输企业或者单位接到事故报告后,应当按照本单位危险货物应急预案组织救援,并向事故发生地应急管理部门和生态环境、卫生主管部门报告。道路危险货物运输管理机构应当公布事故报告电话。

【命题点与拓展】

1. 本案例第1问考查的是车辆爆胎时的应急处置措施。发生爆胎的主要原因:轮胎气压过高或过低;轮胎遭到损坏、催化和干裂等严重磨损;轮胎突然被扎破或受到猛烈撞击。车辆爆胎时的应急处置措施的具体内容详见答案。

2. 本案例第2问考查的是造成车辆侧滑、侧翻的原因。造成侧滑的因素有:超载、超速;路面附着系数;制动时车轮的抱死及抱死顺序;车辆受到的横向力;车辆荷载及荷载转移。造成侧翻的原因有:超载、超速;汽车转弯过急;汽车在高速曲线行驶;大风、大雾和沙尘天气;液体货物运输过程中转弯或者急刹车导致重心不稳;惯性力作用等。

3. 本案例第3问考查的是道路危险货物运输托运基本要求。《道路危险货物运输管理规定》第二十八条规定,危险货物托运人应当严格按照国家有关规定妥善包装并在外包装设置标志,并向承运人说明危险货物的品名、数量、危害、应急措施等情况。需要添加抑制剂或者稳定剂的,托运人应当按照规定添加,并告知承运人相关注意事项。危险货物托运人托运危险化学品的,还应当提交与托运的危险化学品完全一致的安全技术说明书和安全标签。

4. 本案例第4问考查的是承运人事故报告的基本责任。根据《道路危险货物运输管理规定》第四十七条的规定进行作答。具体内容详见答案。

【案例四】

【答案】

1. 车辆基本信息,机动车检验检测报告(含车辆技术等级),道路运输达标车辆核查记录表,车辆维护和修理(含机动车维修竣工出厂合格证)、车辆主要零部件更换、车辆变更、行驶里程、对车辆造成损伤的交通事故等记录。

全国中级注册安全工程师职业资格考试

核心考点

安全生产专业实务

道路运输安全技术

全国中级注册安全工程师职业资格考试用书编写组　组编

扫描二维码
获取天一网校APP

关注注安早知道
获取考试资讯

哈尔滨工程大学出版社
Harbin Engineering University Press

目录 CONTENTS

第一章　道路运输安全技术基础

考点一　道路运输的特点

道路运输的特点有：

(1)机动灵活，适应性强。

(2)直达运输，可实现“门到门”。

(3)技术要求不高。

(4)原始投资少。

(5)具备公用开放性特点。

(6)运量较小、运输成本较高。

(7)运行持续性较差。

(8)安全性较低，污染环境较大。

【链接】道路运输，即在道路上使用汽车从事旅客或货物的运输，也称公路运输或汽车运输；人、车、环境(路)是道路运输安全的最基本要素。

考点二　道路运输行业风险辨识与管理措施

道路运输风险辨识方法有现场观察、问卷调查、安全检查表、故障树分析和事件树分析。

危险源一般可从三个方面进行控制，即技术控制、人的行为控制和管理控制。对危险源的管理控制措施有：

(1)建立健全危险源管理的规章制度。

(2)明确安全责任，定期检查危险源。

(3)日常管理中，加强对危险源的管理。

(4)抓好信息反馈，及时对隐患进行整改。

(5)做好危险源控制管理的基础建设工作。

(6)做好危险源控制管理的考核评价和奖惩。

【提示】技术控制采用的技术主要有消除、保留、控制、监控、防护、隔离和转移等。人行为控制首先是加强教育培训,做到人的安全化和操作安全化,减少对危险源的触发。

考点三 道路运输安全隐患的排查与处理

道路运输安全隐患采用安全检查表法进行排查。客运企业应当根据安全生产需要和特点,采用综合检查、专业检查、季节性检查、节假日检查、日常检查等方式进行隐患排查。对于综合检查,企业每年至少组织检查或抽查一次。

道路运输安全隐患的处理措施如下:

(1)针对一般事故隐患,道路运输企业负责人或其他相关人员应当根据一般事故的特点及规律,立即组织整改。

(2)针对重大事故隐患,道路运输企业应当依照规定及时进行书面报送,并向有关部门报告。重大事故隐患报告应当包括的内容有:隐患的现状及其产生原因;隐患的危害程度和整改难易程度分析;隐患的治理方案。

【链接】道路运输企业和城市客运企业存在下列情形之一的,应当判定为重大事故隐患:未取得经营许可或未按规定进行备案从事经营活动,或超出许可(备案)事项和有效期经营的;使用报废、擅自改装、拼装、检验检测不合格(含未在有效期内)以及其他不符合国家规定的车辆装备、设施设备等从事经营活动的;所属经营性驾驶员和车辆存在长期"三超一疲劳"(超速、超员、超载、疲劳驾驶)且运输过程中未及时提醒纠正、运输行为结束后1个月内未严肃处理,或所属经营性驾驶员存在一次计10分及以上诚信考核计分情形且未严肃处理仍继续安排上岗作业的;经营地或运营线路途经地已发布台风橙色及以上预警,暴雨、暴雪、冰雹、大雾、沙尘暴、大风、道路结冰红色预警,或地质灾害气象风险红色预警等不具备安全通行条件时，未执行政府部门停运指令或企业应急预案要求仍擅自安排运输作业的；按法律法规和规章规定，其他应当判定为重大事故隐患的。

考点四　行车遇险时的安全防护措施

车辆碰撞时应采取的防护措施：应根据车辆碰撞的方位（正面碰撞、侧面碰撞、追尾碰撞）进行判断，选择相应姿势来保护人身安全，避免被变形损坏的车辆甩出、挤压或撞击。

汽车制动器失效时的防护措施分以下几种情况：

（1）在普通路段发生汽车制动器失效时，驾驶员应首先把稳转向盘，控制车辆行走方向，同时迅速把变速器挡位变换为 1 挡，利用发动机阻力减速。

（2）在高速路段发生汽车制动器失效时，驾驶员应观察路况，立即变道至紧急停车道，利用发动机制动减速。

（3）在坡道路段发生汽车制动器失效时，驾驶员应首先抢挂低速挡，利用发动机制动及驻车制动；若依然无法控制车速时，应利用道路上的路坎、草堆、土堆或山的侧壁等障碍物增加阻力，避免发生恶性事故。

（4）在弯道路段发生汽车制动器失效时，驾驶员应首先控制方向并快速地抢入抵挡，利用发动机制动，并根据情况判断是否利用驻车制动；若进入弯道后，在急转弯行车的情况下不得拉紧驻车制动，避免车辆甩尾。

车辆爆胎时应采取的防护措施：前轮爆胎时，松开油门，同时控制方向，不得紧急制动，避免发生翻车侧滑事故；后轮爆胎时，轻踩刹车。

车辆失火时的防护措施分以下两种情况：

（1）平时预防。其做法主要有及时检修更换燃油系统、排气系统和电气系统，同时“阻燃整理”，用特定材料代替易燃材质的内饰。

(2)车辆运行中失火。其做法主要有立即停车熄火并关闭所有易燃易爆炸部件,车上人员立即离开,根据火势选择是否自行灭火。

考点五 运输车辆安全隐患

道路运输车辆安全隐患主要体现在人的不安全行为、规章制度的不完善、环境的不稳定、车和物的不安全状态。

【记忆诀窍】人、法、环、车、物。

考点六 车辆安全技术

车辆安全技术包括主动安全技术和被动安全技术两种。

主动安全技术包括:

(1)提高和改善制动效能。

(2)车速控制。

(3)改善悬架特性。

(4)改善转向性能。

(5)车道偏离预警系统。

被动安全技术是指车辆本身为应对不可避免的事故时,为降低事故严重程度所采取的措施。

【提示】制动系统包括:制动防抱死系统(ABS)、制动辅助系统(BAS)、驱动防滑控制系统(ASR)、电子制动力分配系统(EBD)、自动紧急制动系统(AEBS)、电子稳定控制(ESC)和缓速器。

考点七 驾驶员行车安全防护要求

驾驶员行车安全防护的要求有:

(1)驾驶员必须参加培训并严格考核,持证上岗,严禁“三超”行为(超速、超载和超疲劳驾驶)。

(2)发车前进行自检。

(3)配合安检人员对营运车辆进行合格检验,不合格不得出车。

(4)不得私自改线、绕道行驶,不得私自将车辆交予他人驾驶。

(5)日间连续驾驶时间不得超过 4 h,夜间连续驾驶时间不得超过 2 h,每次停车休息时间应不少于 20 min;在 24 h 内累计驾驶时间不得超过 8 h。

(6)驾驶员严格遵守法律法规,安全驾驶车辆。

【链接】驾驶员在每日首次出车前应保证不少于 6 h 的睡眠;行车中感到疲倦时,应及时选择停车场、服务区等区域停车休息。长途客运车辆在凌晨 2~5 时停止运行,或实行接驳运输,做到停车换人、落地休息;从事高速公路单程运行 600 km 以上、其他公路单程运行 400 km 以上的客运任务时,有至少 2 名驾驶员轮流驾驶、轮换休息。

考点八　道路交通安全设施

道路交通安全设施包括交通标志、道路标线(含突起路标)、护栏、视线诱导设施、交通信号灯、照明设施、隔离栅、防眩设施、防落网、人行横道和交通岛等。

考点九　道路标线的划分

(1)按设置方式划分:横向、纵向和其他标线。

(2)按形态划分:凸起路标、箭头指示线、连续线和间断指示线等,一般为白色或黄色。

(3)按功能划分:指示标线、警告标线和禁止标线。

考点十　特殊道路和环境车辆运行安全

为保证车辆在特殊路段安全运行,保障旅客的生命财产安全,根据交通运输主管部门的有关规定,对特殊道路车辆运行做了相关规定。

(1)起雾路段。雾区行驶,首重慢行,以加强驾驶对路迹的辨识与判断，驾驶员要沿着路标慢行，或依靠路旁安全区，打开车辆警示灯、近光灯及雾灯，提醒后方来车注意(请勿打远光灯，以免造成光幕现象)。如果雾气较重，严禁强行通过，待雾气稍散再慢慢驶离。

(2)山区路段。行车经山区道路，驾驶员要集中注意力，严格按车速规定行驶，转弯时，应尽量靠外侧行驶。遇到后方来车超车，在道路较宽敞处靠边慢行，并打开右转方向灯。

(3)大雨路段。下大雨时，能见度较低，视线模糊，驾驶员要降低行车速度。为降低意外发生，保持车辆安全距离，并避免紧急刹车。雨天路滑，转弯要慢，避免急刹车，防止侧滑。

(4)上坡路段。上坡路段超车最危险，因看不见坡顶后的视线死角，小心慢行，才能确保安全无误。

(5)下坡路段。下坡路段会使驾驶员有恐惧的感觉：一是担心踩刹车过度，会造成刹车系统过热失灵；二是担心因下坡车速过快，会增加危险。要求驾驶员精力集中，同时利用低速挡来降低车速，严禁滑行。

(6)砂石路段。虽然砂石路段比其他特殊路段容易驾驶，但要降低车速，因为砂石路轮胎摩擦系数较小，抓地力不足，易导致失控打滑。放慢车速，尽量避免急加速、急减速、急回转和大转弯。保持安全距离，以免被前车卷起的风沙模糊了视线，甚至被砂石击中。

(7)夜间行驶。一方面，夜间较白天更易发生事故，夜间驾驶员的视线受限，容易判断失误；另一方面夜间会车时因车辆灯光易产生眩目。此外，夜间也更容易发生疲劳驾驶。

【链接】会车，即反向行驶的列车、汽车等同时在某一地点交错通过。

第二章　道路旅客运输安全技术

考点一　道路旅客运输安全生产基本特点

根据服务对象、环节和车辆类型的不同，道路旅客运输主要安全生产基本特点有：

(1)道路旅客运输涉及风险因素较多。

(2)道路旅客运输易发生重特大交通事故。

(3)现阶段，道路旅客运输面临生存和安全管理双重压力。

【提示】道路旅客运输安全涉及人员安全，风险因素明显多于道路货物运输。

考点二　客运驾驶员的聘用条件

《道路运输条例》第九条规定，从事客运经营的驾驶人员，应当符合下列条件：

(1)取得相应的机动车驾驶证。

(2)年龄不超过60周岁。

(3)3年内无重大以上交通责任事故记录。

(4)经设区的市级人民政府交通运输主管部门对有关客运法律法规、机动车维修和旅客急救基本知识考试合格。

考点三　道路客运驾驶员的培训

《道路旅客运输企业安全管理规范》第二十一条规定，客运企业应当建立客运驾驶员岗前培训制度，培训合格方可上岗。岗前培训的主要内容包括：道路交通安全和安全生产相关法律法规、安全行车知识和应急驾驶操作技能、交通事故案例警示教育、职业道德、安全告知知识、交通事故法律责任规定、防御性驾驶技术、伤员急救常识等安全与应急处置知识、企业有关安全运营管理的规定等。道路客运驾驶员岗前培训不少于24学时，并应在此基础上实际跟车实习，提前熟悉客运车辆性能和客运线路情况。

第二十二条规定，客运企业应当建立客运驾驶员安全教育培训及考核制度。客运企业对客运驾驶员进行定期全覆盖培训，每人安全教育培训应当每月不少于2学时，安全教育培训内容应当包括：法律法规、典型交通事故案例、技能训练、安全驾驶经验交流、突发事件应急处置训练等。

客运企业应当组织和督促本企业诚信考核等级为不合格的客运驾驶员参加继续教育，保证客运驾驶员参加继续教育培训的时间，提供必要的学习条件。客运企业可依托互联网技术积极创新、改进安全培训教育手段，丰富培训方式，及时全面开展驾驶员安全培训教育。

考点四 客运车辆维护、检查和检验

1. 车辆维护

《道路旅客运输企业安全管理规范》第三十一条规定，客运企业应当建立客运车辆维护制度。客运企业应当依据国家有关标准和车辆维修手册、使用说明书等，结合车辆类别、车辆运行状况、行驶里程、道路条件、使用年限等因素，科学合理制定客运车辆维护周期，确保车辆维护正常。客运车辆日常维护由客运驾驶员实施，一级维护和二级维护由客运企业按照相关规定组织实施，并做好记录。

2. 车辆检查

《道路旅客运输企业安全管理规范》第三十二条规定，客运企业应当建立客运车辆技术状况检查制度。客运企业应当配合客运站做好车辆安全例检，对未按规定进行安全例检或安全例检不合格的车辆不得安排运输任务。

对于不在客运站进行安全例检的客运车辆，客运企业应当安排专业技术人员在每日出车前或收车后按照安全例检规定对客运车辆的技术状况进行检查。对于一个趟次超过1日的运输任务，途中的车辆技术状况检查由客运驾驶员具体实施。

客运企业应主动排查并及时消除车辆安全隐患，每月检查车内安全带、应急锤、灭火器、三角警告牌，发动机增压器隔热罩、排气管隔热棉、发动机舱自动灭火装置，以及应急门、应急窗、安全顶窗的开启装置等是否齐全、有效，安全出口通道是否畅通，确保客运车辆应急装置和安全设施处于良好的技术状况。

客运企业配备新能源车辆的，应该根据新能源车辆种类、特点等，建立专门的检查制度，确保车辆技术状况良好。

客运企业不得要求客运驾驶员驾驶技术状况不良的客运车辆从事运输作业。发现客运驾驶员驾驶技术状况不良的客运车辆时，应及时采取措施纠正。

3. 车辆检验

《道路旅客运输企业安全管理规范》第三十三条规定，客运企业应当按照有关规定建立车辆检验检测和年度审验制度。严格执行道路运输车辆检验检测和技术等级评定制度，确保车辆符合安全技术条件。逾期未年审、年检或年审、年检不合格的车辆禁止从事道路旅客运输经营。

【提示】客运驾驶员每天必须坚持做好出车前、行驶中和收车后的车辆“一日三检”工作，确保行车安全。

一般客运车辆技术等级应当达到二级以上。从事高速公路客运以及营运线路长度在800 km以上的客车，技术等级应当达到一级。

技术等级评定方法应当符合国家有关道路运输车辆技术等级划分和评定的要求。

考点五 道路运输车辆动态监控

《道路旅客运输企业安全管理规范》第五十条规定，客运企业应当建立道路运输车辆动态监控平台建设、维护及管理制度。

客运企业应当按照标准建设道路运输车辆动态监控平台，或者使用符合条件的社会化道路运输车辆动态监控平台，在监控平台中完整、准确地录入所属客运车辆和驾驶员的基础资料等信息，并及时更新。

客运企业应当确保道路运输车辆动态监控平台正常使用，定期检查并及时排除监控平台存在的故障，保持车辆运行时在线。客运企业应当按照相关法律法规规定以及车辆行驶道路限速、行驶时间等实际情况，在道路运输车辆动态监控平台中设置监控超速行驶、疲劳驾驶的预警值和报警限值，以及核定运营线路、区域及夜间行驶时间。

第五十一条规定，客运企业应当配备专职道路运输车辆动态监控人员，建立并严格落实动态监控人员管理制度。

专职动态监控人员配置原则上按照监控平台每接入 100 辆车 1 人的标准配备，最低不少于 2 人。监控人员应当掌握国家相关法规和政策，熟悉动态监控系统的使用和动态监控数据的统计分析，经企业或者委托具备培训能力的机构培训、考试合格后上岗。

客运企业应当依法对不按照动态监控制度要求严格监控车辆行驶状况的动态监控人员给予处理，情节严重的应当调离相应工作岗位。

第五十四条规定，客运企业应当建立客运车辆动态信息统计分析制度。对存在交通违法、违规信息的客运驾驶员,客运企业应当在事后及时给予处理,对多次存在违法、违规行为的驾驶员应当作为重点监控和安全培训教育的重点对象。客运车辆动态监控数据应当至少保存 6 个月,违法驾驶信息及处理情况应当至少保存 36 个月。

考点六　安全生产绩效管理

《道路旅客运输企业安全管理规范》第八十条规定,客运企业应当根据相关法律法规、管理部门要求和自身实际情况,制定年度安全生产绩效目标。安全生产绩效目标应当包括:道路交通责任事故起数、死亡人数、受伤人数、百万车公里事故起数、百万车公里伤亡人数、安全行车公里数等。

第八十一条规定,客运企业应当建立安全生产年度考核与奖惩制度。针对年度目标,对各部门、各岗位人员进行安全绩效考核,通报考核结果。

客运企业根据安全生产年终考核结果,对安全生产相关部门、岗位工作人员给予一定的奖惩。对全年无事故、无交通违法记录、无旅客投诉的安全文明驾驶人员予以表彰奖励。

第八十二条规定,客运企业应当建立安全生产内部评价机制,每年至少进行 1 次安全生产内部评价。评价内容应当包括:安全生产目标、安全生产责任制、安全投入、安全教育培训、从业人员管理、客运车辆管理、生产安全监督检查、应急响应与救援、事故处理与统计报告等安全生产制度的适宜性、充分性及有效性等。

第三章　道路货物运输安全技术

考点一　道路货物运输安全生产特点

道路货物运输包括道路普通货物运输、道路货物专用运输、道路大型物件运输和道路危险货物运输。其安全生产特点为:

(1)适应性强,可运输货物种类繁多,对车型要求复杂多样。

(2)机动灵活,货运车辆数量较多,事故发生频率高。

(3)事故原因多样,但部分道路货物运输企业过于追求经济效益,致使货运车辆超载、驾驶员疲劳驾驶和车辆违规生产事故频发。

考点二　车辆设施设备的装配和使用

车辆应按规定装备制动系统。除三轮汽车以及总质量不大于750 kg 的挂车,其余汽车及挂车的所有车轮均应配备制动器。

道路货物运输车辆中,应装备车辆尾部标志板的车辆有:

(1)货车(总质量≥12 000 kg,半挂牵引车除外)。

(2)挂车(车长大于8.0 m,最大设计车速≥40 km/h)。

(3)汽车(最大设计车速≥40 km/h)。

《机动车运行安全技术条件》第9.1.1条规定,总质量大于3 500 kg的货车和挂车(封闭式货车、旅居挂车等特殊用途的挂车除外)装用轮胎的总承载能力,应小于或等于总质量的1.4倍。第9.1.6条规定,乘用车、挂车轮胎胎冠花纹上的花纹深度应大于或等于1.6 mm,摩托车轮胎胎冠花纹上的花纹深度应大于或等于0.8 mm,其他机动车转向轮的胎冠花纹深度应大于或等于3.2 mm,其余轮胎胎冠花纹深度应大于或等于1.6 mm。

《汽车及挂车外部照明和光信号装置的安装规定》第 4.29 条规定，总质量不小于 4 500 kg 的货车、专项作业车和挂车的所有后位灯、后转向信号灯和制动灯，其透光面面积应不小于一个 80 mm 直径圆的面积；若透光面不是圆形，其形状应能容纳一个 40 mm 直径的圆。

【链接】货运车辆技术要求应当符合《道路运输车辆技术管理规定》有关规定。从事大型物件运输经营的，应当具有与所运输大型物件相适应的超重型车组；从事冷藏保鲜、罐式容器等专用运输的，应当具有与运输货物相适应的专用容器、设备、设施，并固定在专用车辆上；从事集装箱运输的，车辆还应当有固定集装箱的转锁装置。

考点三　安全生产管理机构以及安全生产管理人员的安全管理职责

《安全生产法》第二十四条规定，矿山、金属冶炼、建筑施工、运输单位和危险物品的生产、经营、储存、装卸单位，应当设置安全生产管理机构或者配备专职安全生产管理人员。

第二十五条规定，生产经营单位的安全生产管理机构以及安全生产管理人员履行下列职责：

(1)组织或者参与拟订本单位安全生产规章制度、操作规程和生产安全事故应急救援预案。

(2)组织或者参与本单位安全生产教育和培训，如实记录安全生产教育和培训情况。

(3)组织开展危险源辨识与评估，督促落实本单位重大危险源的安全管理措施。

(4)组织或者参与本单位应急救援演练。

（5）检查本单位的安全生产状况，及时排查生产安全事故隐患，提出改进安全生产管理的建议。

（6）制止和纠正违章指挥、强令冒险作业、违反操作规程的行为。

（7）督促落实本单位安全生产整改措施。

考点四　生产经营单位主要负责人的安全管理职责

《安全生产法》第二十一条规定，生产经营单位的主要负责人对本单位安全生产工作负有下列职责：

（1）建立健全并落实本单位全员安全生产责任制。

（2）组织制定并实施本单位安全生产规章制度和操作规程。

（3）组织制定并实施本单位安全生产教育和培训计划。

（4）保证本单位安全生产投入的有效实施。

（5）组织建立并落实安全风险分级管控和隐患排查治理双重预防工作机制，督促、检查本单位的安全生产工作，及时消除生产安全事故隐患。

（6）组织制定并实施本单位的生产安全事故应急救援预案。

（7）及时、如实报告生产安全事故。

考点五　经营性道路货运驾驶员从业资格证件管理

《道路运输从业人员管理规定》第三十二条规定，道路运输从业人员有下列情形之一的，由发证机关注销其从业资格证件：

（1）持证人死亡的。

（2）持证人申请注销的。

（3）经营性道路客货运输驾驶员、道路危险货物运输从业人员年龄超过60周岁的。

（4）经营性道路客货运输驾驶员、道路危险货物运输驾驶员的机动车驾驶证被注销或者被吊销的。

（5）超过从业资格证件有效期180日未申请换证的。

凡被注销的从业资格证件，应当由发证机关予以收回，公告作废并登记归档；无法收回的，从业资格证件自行作废。

第四十八条规定，道路运输从业人员有下列不具备安全条件情形之一的，由发证机关撤销其从业资格证件：

(1)经营性道路客货运输驾驶员、道路危险货物运输从业人员身体健康状况不符合有关机动车驾驶和相关从业要求且没有主动申请注销从业资格的。

(2)经营性道路客货运输驾驶员、道路危险货物运输驾驶员发生重大以上交通事故，且负主要责任的。

(3)发现重大事故隐患，不立即采取消除措施，继续作业的。

被撤销的从业资格证件应当由发证机关公告作废并登记归档。

考点六 驾驶员诚信考核

《道路运输驾驶员诚信考核办法》第七条规定，道路运输驾驶员诚信考核等级分为优良、合格、基本合格和不合格，分别用 AAA 级、AA 级、A 级和 B 级表示。

第九条规定，道路运输驾驶员诚信考核实行计分制，考核周期为 12 个月，满分为 20 分，从道路运输驾驶员初次领取从业资格证件之日起计算。一个考核周期届满，经确定诚信考核等级后，该考核周期内的计分予以清除，不转入下一个考核周期。根据道路运输驾驶员违反诚信考核指标的情况，一次计分的分值分别为 20 分、10 分、5 分、3 分、1 分五种。

第十条规定，对道路运输驾驶员的道路运输违法行为，处罚与计分同时执行。道路运输驾驶员一次有两个以上违法行为的，计分时应当分别计算，累加分值。

考点七 道路运输车辆的维护要求

道路运输经营者应当建立车辆维护制度。车辆维护分为日常维护、一级维护和二级维护。根据日常维护的要求,日常维护由驾驶员来完成,主要内容包括:

(1)出车前、行车中和行车后“三检”。检查车辆的安全机构和各部件的连接和紧固情况是否正常。

(2)保证“六洁”。做好发动机、润滑油、空气滤清器、燃油滤清器、蓄电池和储气筒的清洁工作,并保持清洁。

(3)防“四漏”。防漏水、漏油、漏气和漏电。

(4)车容整洁。其作业重心是清洁、补给和安全检视。

道路运输经营者可以对自有车辆进行二级维护作业,保证投入运营的车辆符合技术管理要求,无须进行二级维护竣工质量检测。道路运输经营者不具备二级维护作业能力的,可以委托二类以上机动车维修经营者进行二级维护作业。机动车维修经营者完成二级维护作业后,应当向委托方出具二级维护出厂合格证。

【链接】道路运输经营者应当依据国家有关标准和车辆维修手册、使用说明书等,结合车辆类别、车辆运行状况、行驶里程、道路条件、使用年限等因素,自行确定车辆维护周期,确保车辆正常维护。

考点八 超限运输认定标准

《超限运输车辆行驶公路管理规定》第三条规定,本规定所称超限运输车辆,是指有下列情形之一的货物运输车辆:

(1)车货总高度从地面算起超过4 m。

(2)车货总宽度超过2.55 m。

(3)车货总长度超过18.1 m。

(4)二轴货车,其车货总质量超过18 000 kg。

(5)三轴货车,其车货总质量超过25 000 kg;三轴汽车列车,其车货总质量超过27 000 kg。

(6)四轴货车,其车货总质量超过31 000 kg;四轴汽车列车,其车货总质量超过36 000 kg。

(7)五轴汽车列车,其车货总质量超过43 000 kg。

(8)六轴及六轴以上汽车列车,其车货总质量超过49 000 kg,其中牵引车驱动轴为单轴的,其车货总质量超过46 000 kg。

考点九　新能源汽车

《新能源汽车生产企业及产品准入管理规定》第三条规定,本规则所称新能源汽车,是指采用新型动力系统,完全或者主要依靠新型能源驱动的汽车。

新能源汽车包括混合动力汽车、纯电动汽车(BEV,包括太阳能汽车)、插电式混合动力(含增程式)汽车、燃料电池电动汽车(FCEV)、氢发动机汽车、其他新能源(如高效储能器、二甲醚)汽车等各类别产品。

【提示】新能源汽车动力系统采用非常规车用燃料或搭载新型车载动力装置(使用常规车用燃料)。非常规的车用燃料不包含汽油、柴油、天然气(NG)、液化石油气(LPG)、乙醇汽油(EG)、甲醇、二甲醚。

考点十　道路危险货物运输安全生产隐患

道路危险货物运输安全生产隐患有:

(1)人的不安全行为。

(2)车辆和设备的不安全状态。

(3)危险货物自身特性及危险货物包装的不安全因素。

(4)环境的不安全因素。

考点十一　道路危险货物运输驾驶员的规定

《道路运输从业人员管理规定》第十一条规定,道路危险货物运输驾驶员应当符合下列条件:

(1)取得相应的机动车驾驶证。

(2)年龄不超过60周岁。

(3)3年内无重大以上交通责任事故。

(4)取得经营性道路旅客运输或者货物运输驾驶员从业资格2年以上或者接受全日制驾驶职业教育的。

(5)接受相关法规、安全知识、专业技术、职业卫生防护和应急救援知识的培训,了解危险货物性质、危害特征、包装容器的使用特性和发生意外时的应急措施。

(6)经考试合格,取得相应的从业资格证件。

考点十二　道路危险货物运输装卸管理人员和押运人员的规定

《道路运输从业人员管理规定》第十二条规定,道路危险货物运输装卸管理人员和押运人员应当符合下列条件:

(1)年龄不超过60周岁。

(2)初中以上学历。

(3)接受相关法规、安全知识、专业技术、职业卫生防护和应急救援知识的培训,了解危险货物性质、危害特征、包装容器的使用特性和发生意外时的应急措施。

(4)经考试合格,取得相应的从业资格证件。

【链接】《道路危险货物运输管理规定》第八条规定，从事剧毒化学品、爆炸品道路运输的驾驶人员、装卸管理人员、押运人员，应当经考试合格，取得注明为“剧毒化学品运输”或者“爆炸品运输”类别的从业资格证。

考点十三　危险货物承运人在车辆行驶时的职责

《危险货物道路运输安全管理办法》第四十六条规定，危险货物运输车辆在高速公路上行驶速度不得超过每小时 80 km，在其他道路上行驶速度不得超过每小时 60 km。道路限速标志、标线标明的速度低于上述规定速度的，车辆行驶速度不得高于限速标志、标线标明的速度。

考点十四　道路危险货物凭证运输文件

发放部门	凭证运输文件
公安机关	民用爆炸物品运输许可证；剧毒化学品道路运输通行证；烟花爆竹道路运输许可证；放射性物品道路运输许可证明；易制毒化学品运输许可证
生态环境部门	危险废物转移联单
放射性运输相关文件	放射性物品运输核与辐射安全分析报告；运输说明书；核与辐射事故应急响应指南；装卸作业方法指南；安全防护指南；辐射监测报告

考点十五　危险货物车辆标志灯、标志牌、安全标示牌的使用规定

危险货物运输车辆的标志灯按安装方式的不同可分为 A 型、B 型、C 型三类，即磁吸式、顶檐支撑式和金属托架式。

车辆标志牌起警示作用,用来引起后方来车及周围人群注意,及时避让驻车或遇险的车辆,也有指引专业救援工作人员的作用。

安全标示牌应字迹清晰,白底黑字;只对剧毒化学品和爆炸品运输车辆作悬挂要求。

考点十六 危险货物车辆安全防护设施要求

(1)导除静电装置:包括行车导静电装置(拖地胶带)和驻车导静电装置(接地片/柱、接地卷盘)。

(2)灭火器:按灭火剂成分的不同,手提式灭火器可分为干粉型、二氧化碳、洁净气体和水基型灭火器。其中,液化气体运输车辆两侧每侧至少配置一只不小于4 kg 的手提灭火器。

(3)用于个人防护的装备配备:轮挡、三角警示牌、眼部冲洗液、反光背心、防爆手电筒、防护性手套、护目镜、应急逃生面具、铲子和下水道口封堵器具等。

考点十七 危险货物运输车辆综合性能检测

《道路运输车辆技术管理规定》第二十一条规定,道路运输经营者应当自道路运输车辆首次取得道路运输证当月起,按照下列周期和频次进行检验检测和技术等级评定:

(1)客车自首次经国家机动车登记主管部门注册登记不满 60 个月的,每 12 个月进行 1 次检验检测和技术等级评定;超过 60 个月的,每 6 个月进行 1 次检验检测和技术等级评定。

(2)其他道路运输车辆自首次经国家机动车登记主管部门注册登记不满 120 个月的,每 12 个月进行 1 次检验检测和技术等级评定;超过 120 个月的,每 6 个月进行 1 次检验检测和技术等级评定。

考点十八　危险货物运输管理要求

《道路危险货物运输管理规定》第八条规定，申请从事道路危险货物运输经营，应当具备下列条件：

（1）有符合下列要求的专用车辆及设备：

①自有专用车辆（挂车除外）5 辆以上；运输剧毒化学品、爆炸品的，自有专用车辆（挂车除外）10 辆以上。

②专用车辆的技术要求应当符合《道路运输车辆技术管理规定》有关规定。

③配备有效的通讯工具。

④专用车辆应当安装具有行驶记录功能的卫星定位装置。

⑤运输剧毒化学品、爆炸品、易制爆危险化学品的，应当配备罐式、厢式专用车辆或者压力容器等专用容器。

⑥罐式专用车辆的罐体应当经质量检验部门检验合格，且罐体载货后总质量与专用车辆核定载质量相匹配。运输爆炸品、强腐蚀性危险货物的罐式专用车辆的罐体容积不得超过 20 m^3，运输剧毒化学品的罐式专用车辆的罐体容积不得超过 10 m^3，但符合国家有关标准的罐式集装箱除外。

⑦运输剧毒化学品、爆炸品、强腐蚀性危险货物的非罐式专用车辆，核定载质量不得超过 10 t，但符合国家有关标准的集装箱运输专用车辆除外。

⑧配备与运输的危险货物性质相适应的安全防护、环境保护和消防设施设备。

（2）有符合下列要求的停车场地：

①自有或者租借期限为 3 年以上，且与经营范围、规模相适应的停车场地，停车场地应当位于企业注册地市级行政区域内。

②运输剧毒化学品、爆炸品专用车辆以及罐式专用车辆，数量为20辆(含)以下的，停车场地面积不低于车辆正投影面积的1.5倍，数量为20辆以上的，超过部分，每辆车的停车场地面积不低于车辆正投影面积；运输其他危险货物的，专用车辆数量为10辆(含)以下的，停车场地面积不低于车辆正投影面积的1.5倍；数量为10辆以上的，超过部分，每辆车的停车场地面积不低于车辆正投影面积。

③停车场地应当封闭并设立明显标志，不得妨碍居民生活和威胁公共安全。

考点十九　危险货物包装类别

除第1类、第2类、5.2项、6.2项和第7类，以及4.1项中的自反应物质以外的物质，根据物质本身的危险程度，将其分为3个包装类别：

(1)包装类别Ⅰ：适用内装高度危险性的物质。

(2)包装类别Ⅱ：适用内装中等危险性的物质。

(3)包装类别Ⅲ：适用内装低度危险性的物质。

每种物质划分的包装类别见《危险货物道路运输规则 第3部分：品名及运输要求索引》的规定。对于物品则无须划分包装类别。

【**链接**】危险货物是指具有爆炸、易燃、毒害、感染、腐蚀等危险特性，在生产、经营、运输、储存、使用和处置中，容易造成人身伤亡、财产损毁或者环境污染而需要特别防护的物质和物品。

第四章　道路运输站场安全生产技术

考点一　汽车客运站的安全生产特点

汽车客运站的安全生产特点有：

(1)汽车客运站人员密集，容易造成安全问题。

(2)汽车客运站早晚为客流高峰期，容易造成安全问题。

(3)汽车客运站是道路客运安全生产的源头。

(4)汽车客运站容易发生交通事故和治安、公共安全等安全问题。

考点二　汽车客运站旅客及车辆安全管理

《汽车客运站安全生产规范》第八条规定，汽车客运站经营者应当对进出汽车客运站的人员和行李物品、车辆进行严格检查，确保"三不进站"和"六不出站"。

"三不进站"是指：危险品不进站、无关人员不进站(发车区)、无关车辆不进站。

"六不出站"是指：超载营运客车不出站、安全例行检查不合格营运客车不出站、旅客未系安全带不出站、驾驶员资格不符合要求不出站、营运客车证件不齐全不出站、"出站登记表"未经审核签字不出站。

考点三　汽车客运站危险品查堵安全技术措施

《汽车客运站安全生产规范》第二十六条规定，汽车客运站经营者应当建立危险品查堵制度，采取以下措施防止易燃、易爆和易腐蚀等危险品进站上车：

(1)制定危险品检查工作程序，规范危险品查堵工作。

(2)设立专门的危险品查堵岗位。在进站口等关键环节对进站旅客携带的行李物品和托运行包进行安全检查，对查获的危险品应当进行登记并妥善保管或者按规定处理。

（3）配备必要的检查设备。一级、二级汽车客运站应当配置行包安全检查设备；三级及以下汽车客运站应当积极创造条件配置行包安全检查设备，提高危险品查堵效率和质量。

危险品查堵岗位工作人员上岗前，应当参加常见危险品识别与处置、安全检查设备使用等相关知识和技能的培训，并经汽车客运站经营者考核合格；在岗期间，应当严格遵守岗位工作要求，不得开展与工作无关的活动。

汽车客运站经营者受理客运班车行李舱载货运输业务的，托运物品登记和安全检查要求应当按照《客运班车行李舱载货运输规范》有关规定执行。

【链接】根据货运站场安全生产管理规定，安全生产管理人员应有3年以上的基层工作经历，熟悉基层安全管理和车辆技术管理工作，高中以上学历，经培训考核合格后方可上岗。

考点四　客车出站安全检查技术措施

《汽车客运站安全生产规范》第二十七条规定，汽车客运站经营者应当建立营运客车安全例行检查制度，按照《营运客车安全例行检查技术规范》的要求，对本单位始发的营运客车进行安全例行检查，并采取以下措施防止未检的营运客车（因车辆结构原因需拆卸检查的除外）出站运行：

（1）指定专门的安全例行检查人员（以下简称安全例检人员）。安全例检人员应当熟悉营运客车结构、检查方法和相关技术标准，并经汽车客运站考核合格。

（2）设置专门的检查场地，配备必要的设施设备。

(3)严格填写《营运客车安全例行检查报告单》。安全例检人员应当在完成安全例行检查后,填写《营运客车安全例行检查报告单》,对经检查合格的营运客车签发“营运客车安全例行检查合格通知单”,加盖汽车客运站安全例行检查印章。

“营运客车安全例行检查合格通知单”24 h 内有效。单程运营里程在 800 km(含)以上的客运班车和往返运营时间在 24 h(含)以上的客运班车,实行每个单程检查一次。

汽车客运站经营者应当建立健全安全例行检查台账并妥善保存,保存期限不少于 3 个月。

【链接】在受检营运客车按照相关规定进行了正常维护并检验合格的前提下,按照规定的时间周期,在不拆卸零部件的条件下,由营运客车安全例检人员借助简单的工具,采用人工检视的方法,对影响营运客车行车安全的可视部件技术状况所实施的检查。设施设备条件包括:

(1)安全例行检查场所应具备防风、防雨、防晒及良好的采光、照明和通风等条件,并设有“安全例检”文字标志和“5 km/h”限速标志。

(2)安全例行检查场所应设有地沟或者车辆举升装置。地沟的长度应不小于营运客车最大允许长度的 1.1 倍,宽度不小于 0.65 m,深度不小于 1.3 m。地沟内应安装照明设施和安全电源。

(3)三级及以上的汽车客运站,安全例行检查应采用计算机管理系统,具有车辆信息登录、检查数据存储、检查信息查询、检查报告生成、人工录入等功能。

(4)安全例行检查场所应配备消防设备,灭火器数量不少于 3 具(5 kg/具),地沟内应放置 1 具。

第五章　道路运输信息化安全技术

考点一　道路运输管理信息系统的主要功能

道路运输管理信息系统的主要功能包括对道路运输车辆的动态监督、对客运联网售票信息的管理和实现信息化新技术等。

考点二　联网联控系统考核对象及内容

《全国重点营运车辆联网联控系统考核管理办法》第六条规定，联网联控系统考核对象包括道路运输管理机构、道路运输企业、社会化动态监控服务商(以下简称服务商)。

第八条规定，对道路运输管理机构的考核内容包括:平台连通率、跨域数据交换成功率(省级平台考核)、车辆入网率、车辆上线率、轨迹完整率、数据合格率。

第九条规定，对道路运输企业的考核内容包括:车辆入网率、车辆上线率、轨迹完整率、数据合格率、卫星定位漂移车辆率、平均车辆超速次数、平均疲劳驾驶时长、平台查岗响应率。

第十条规定，对服务商的考核内容包括:平台连通率、车辆上线率、轨迹完整率、数据合格率、卫星定位漂移车辆率。

考点三　考核程序及考核结果应用

《全国重点营运车辆联网联控系统考核管理办法》第十一条规定，考核周期分为月度、年度，月度考核按自然月进行，年度考核周期为每年1月1日至12月31日，全年月度考核的平均值为年度考核评分。考核采取系统自动统计分析为主、现场情况勘察为辅的形式。

第十二条规定，考核实行计分制，满分100分，60分为合格。

第十三条规定，道路运输企业、服务商有下列情形之一的，年度考